ISW 33

Berichte aus dem Institut für Steuerungstechnik
der Werkzeugmaschinen und Fertigungseinrichtungen
der Universität Stuttgart

Herausgegeben von Prof. Dr.-Ing. G. Stute

W. SIELAFF

Fünfachsiges NC-Umfangsfräsen verwundener Regelflächen

Beitrag zur Technologie und Teileprogrammierung

Springer-Verlag
Berlin · Heidelberg · New York 1981

D 93

Mit 51 Abbildungen

ISBN 978-3-540-10640-1   ISBN 978-3-642-52218-5 (eBook)
DOI 10.1007/978-3-642-52218-5

Geleitwort des Herausgebers

Das Institut für Steuerungstechnik der Werkzeugmaschinen und Fertigungseinrichtungen der Universität Stuttgart befaßt sich mit den neuen Entwicklungen der
Werkzeugmaschinen und anderen Fertigungseinrichtungen, die insbesondere durch
den erhöhten Anteil der Steuerungstechnik an den Gesamtanlagen gekennzeichnet
sind. Dabei stehen die numerisch gesteuerten Werkzeugmaschinen in Programmierung, Steuerung, Konstruktion und Arbeitseinsatz sowie die vermehrte Verwen-
dung des Digitalrechners in Konstruktion und Fertigung im Vordergrund des In-
teresses.

Im Rahmen dieser Buchreihe sollen in zwangloser Folge drei bis fünf Berichte pro
Jahr erscheinen, in welchen über einzelne Forschungsarbeiten berichtet wird. Vor-
zugsweise kommen hierbei Forschungsergebnisse, Dissertationen, Vorlesungsmanu-
skripte und Seminarausarbeitungen zur Veröffentlichung.

Diese Berichte sollen dem in der Praxis stehenden Ingenieur zur Weiterbildung
dienen und helfen, Aufgaben auf diesem Gebiet der Steuerungstechnik zu lösen.
Der Studierende kann mit diesen Berichten sein Wissen vertiefen.

Unter dem Gesichtspunkt einer schnellen und kostengünstigen Drucklegung wird
auf besondere Ausstattung verzichtet und die Buchreihe im Fotodruck hergestellt.

Der Herausgeber dankt dem Springer-Verlag für Hinweise zur äußeren Gestaltung
und Übernahme des Buchvertriebs.

Gottfried Stute

Inhaltsverzeichnis

Seite

Schrifttum

/ 1 / Henning, H. Fünfachsiges NC-Fräsen gekrümmter Flächen, ein Beitrag zur numerischen Flächendarstellung, Programmierung und Fertigung. Berlin, Heidelberg, New York : Springer Verlag, 1976.

/ 2 / Damsohn, H. Fünfachsiges NC-Fräsen, ein Beitrag zur Technologie, Teileprogrammierung und Postprozessorverarbeitung. Berlin, Heidelberg, New York : Springer Verlag, 1976.

/ 3 / Stute, G.
Esch, H. Untersuchungen an mehrachsig gesteuerten Maschinen. Berichte zum VDW-Forschungsvorhaben 1002, 1974.

/ 4 / Esch, H. Der geometrische Aufbau von 5-Achsen-Maschinen. Essen: Girardet-Verlag: HGF-Kurzberichte (Lose-Blatt-Sammlung), Blatt 72/42, 1972.

/ 5 / Sielaff, W.
Tränkle, H. Erreichbare Genauigkeiten auf Fünfachsen-Maschinen; Berechnungsmöglichkeiten. Essen: Girardet-Verlag: HGF-Kurzberichte (Lose-Blatt-Sammlung) Blatt 77/3, 1977.

/ 6 / Tränkle, H. Auswirkungen der Fehler in den Positionen der Maschinenachsen beim fünfachsigen Fräsen, ein Beitrag zur Analyse von Abweichungen am Werkstück. Berlin, Heidelberg, New York : Springer Verlag, 1977.

/ 7 / Herold, H. Die numerische Steuerung in der Fertigungs-
        Maßberg, W. technik.
        Stute, G. Düsseldorf : VDI-Verlag, 1971.

/ 8 / Debus, A. Struktur und Aufbau fertigungstechnischer
        Storr, A. Programmiersysteme bei integrierter Daten-
                   verarbeitung.
                   wt-Z.ind.Fert. 66(1976) 3, S.143...148.

/ 9 / Hohenberg, F. Konstruktive Geometrie in der Technik.
                      3. Auflage. Wien, New York : Springer
                      Verlag, 1966.

/ 10 / Bronstein, I. N. Taschenbuch der Mathematik. Zürich,
        Semendjajew, K. Frankfurt : Verlag Harri Deutsch, 1973.

/ 11 / Storr, A. Programmierung eines Pumpenlaufrads
        Sielaff, W. für die fünfachsige NC-Fräsbearbeitung.
                     wt-Z.ind.Fert. 68(1978) 4, S. 203...207.

/ 12 / Stute, G. NC Programming of Ruled Surfaces for
        Storr, A. Five-Axis-Machining.
        Sielaff, W. Annals of the CIRP, Vol. 28/1/1979,
                     S. 267...271.

/ 13 / Damsohn, H. Fünfachsiges NC-Fräsen gekrümmter Flächen.
        Henning, H. ZwF 72 (1977) 2, S. 77...80.

/ 14 / Stute, G. Entwicklungen beim fünfachsigen NC-Fräsen.
        Damsohn, H. wt-Z.ind.Fertig. 65 (1975) 12, S. 733...736.

/ 15 / Tränkle, H.   Realisierte Fünfachsen-NC-Fräsmaschinen,
                               Programmierung und gesteuerte Achsen.
                               und-oder-nor- Steuerungstechnik 5 (1977),
                               S. 53 und 6 (1977), S. 38...39.

/ 16 / Storr, A.   Möglichkeiten des fünfachsigen Fräsens.
        Damsohn, H.   Ind.-Anz. 96 (1974) 15, S. 353...356.
        Henning, H.

/ 17 / Osofisan, P.B.   CNC für Fünfachsen-Fertigungseinrichtungen-
                               ein Beitrag zur Verbesserung des NC-Daten-
                               flusses bei simultan gesteuerten rotatorischen
                               und translatorischen Werkzeugbewegungen.
                               Berlin, Heidelberg, New York : Springer
                               Verlag, 1979.

/ 18 / DIN 66215   CLDATA-Programmierung numerisch ge-
                               steuerter Arbeitsmaschinen.
                               August 1973.

/ 19 /   APT IV Reference Manual, Version 1, Publi-
                               cation, No. 1733600, Revision C, Control
                               Data Corporation, USA, 1973.

/ 20 / VDI 3255   Programmierung numerisch gesteuerter
                               Werkzeugmaschinen; Festlegung der Koordi-
                               natenachsen und Zuordnung der Bewegungs-
                               richtungen. 1968.

/ 21 / Henning, H.   Neuere Erkenntnisse beim fünfachsigen
        Sanzenbacher, M.   Fräsen.
                               wt-Z.ind.Fert. 66 (1976) 5, S. 259...264.

/ 22 /   Coons, S.A.   Surfaces for Computer Aided Design of
                            Space Forms.
                            MAC-TR-41, Projekt MAC, MIT (1967).

/ 23 /   Forrest, A.R.   Interactive interpolation and approximation
                            by Bézier polynomials.
                            The Computer Journal 15 (1972) 1,
                            S. 71...79.

/ 24 /   Becker, M.   FMILL-APTLFT, ein Programm zur Dar-
                            stellung und Bearbeitung allgemeiner räum-
                            licher Flächen.
                            Siemens-Zeitschrift 44 (1970), Beiheft
                            - Numerische Steuerungen -.

/ 25 /   Arnold, G.   Formeln der Mathematik. 3. durchgesehene
                            Auflage. Herausgeber: H. Netz.
                            München, Wien : Carl Hanser Verlag, 1977.

/ 26 /   Schmeer, E.   Fünfachsiges Umfangsfräsen mit Form-
         Schmatz, W.   fräsern.
         Kohl, R.   wt-Z. ind. Fertig. 69 (1979) 1, S. 1...3.

/ 27 /   Sielaff, W.   Fräseranstellungen beim fünfachsigen NC-
                            Umfangsfräsen verwundener Regelflächen.
                            Essen : Girardet-Verlag : HGF-Kurzberichte
                            (Lose-Blatt-Sammlung) Blatt 78/95, 1978.

/ 28 /   Sielaff, W.   Einsatz kegeliger Schaftfräser beim fünf-
                            achsigen NC-Umfangsfräsen verwundener
                            Regelflächen.
                            Essen : Girardet-Verlag : HGF-Kurzberichte
                            (Lose-Blatt-Sammlung) Blatt 80/7, 1980.

/ 29 /

DIN Taschenbuch 40. Werkzeugnormen.
Drehmeißel, Fräswerkzeuge, Maschinen-
sägeblätter, Maschinenmesser.
Herausgeber : Deutscher Normenausschuß
(DNA), Berlin 30.
Beuth-Vertrieb GmbH Berlin , Köln,
Frankfurt/Main, 1972.

/ 30 / Björck, A.   Numerische Methoden.
Dahlquist, G.   München, Wien : R. Oldenbourg Verlag,
1972.

/ 31 /   Benutzerhandbuch CDC 6600/CYBER 174
Revision C, 1977.

Abkürzungen und Kurzdefinitionen

APT	automatically programmed tools, problemorientierte Programmiersprache für numerisch gesteuerte Werkzeugmaschinen
B-Achse	Drehachse einer Fünfachsen-Fräsmaschine parallel zur Y-Achse (werkzeugtragend)
C'-Achse	Drehachse einer Fünfachsen-Fräsmaschine parallel zur Z-Achse (werkstücktragend)
CLDATA	cutter location data, Ausgabedatei eines NC-Processors, Eingabedatei für Postprocessoren, DIN 66215
CDC	Control Data Corporation, Hersteller von Großrechenanlagen
CNC	computerized numerical control, numerische Steuerung mit programmierbarem Prozeßrechner
Cutvector	Vektor zwischen zwei Werkzeugspitzenpositionen bei der NC-Programmierung
f (...)	Funktion von ... , formelmäßige Abhängigkeit mehrerer Größen
FMILL	interpolierendes System zur Beschreibung analytisch nicht einfach beschreibbarer Flächen
Fräserachsrichtung	Vektor in der Rotationsachse des Fräsers, von der Fräserspitze zur Einspannung orientiert / 2 /
Fräserringschneide	Übergangsbereich zwischen zylindrischer Fräserhüllfläche und Ebene senkrecht zur Fräserachse durch die Fräserspitze
Fräserspitze	Spurpunkt der Fräserachse auf der konvexen Hüllfläche des rotierenden Fräsers / 2 /
Fräserspitzenradius	Radius des kegeligen Schaftfräsers um die Fräserachse in der Fräserspitze; Symbol: r_F
ISW	Institut für Steuerungstechnik der Werkzeugmaschinen und Fertigungseinrichtungen der Universität Stuttgart

ISWAX5	am ISW entwickeltes System zur Fräserversatzberechnung beim fünfachsigen Fräsen
M-System	Maschinenkoordinatensystem
NC	$\underline{n}$umerical $\underline{c}$ontrol, numerische Steuerung, $\underline{n}$umerically $\underline{c}$ontrolled, numerisch gesteuert
R-Achse	rotatorische Achse einer Fünfachsen-Fräsmaschine
SS	sculptured surface, beliebig gekrümmte Fläche
Stammdaten	gewählte Zahlenwerte für quantitative Aussagen
T-Achse	translatorische Achse einer Fünfachsen-Fräsmaschine
W-System	Werkstückkoordinatensystem
X'-Achse	T-Achse einer Fünfachsen-Fräsmaschine (werkstücktragend)
Y-Achse	T-Achse einer Fünfachsen-Fräsmaschine (werkzeugtragend)
Z-Achse	T-Achse einer Fünfachsen-Fräsmaschine (werkzeugtragend)

<u>Formelzeichen mit Einheiten</u>

<u>Skalare Größen</u>

a	mm	große Ellipsenhalbachse
a_1, a_2	Grad	Hilfswinkel
b	mm	kleine Ellipsenhalbachse
$c_1 \ldots c_4$		Konstanten zur Steigungsberechnung
c_{rF}		Konstante zur Berechnung der großen Ellipsenhalbachse
d_{RF}	mm	Abstand zwischen Regelstrahl und Fräserachse
Δd	mm	Abstand zwischen Fräserachse und Diagonale
Δg	mm	Abstand zwischen Fräserachse und Grundkontursehne s_G
Δh	mm	paralleles Aufmaß auf eine Regelfläche

$\Delta h_G, \Delta h_S$	mm	Aufmaß auf eine Regelfläche in der Grundleitlinie bzw. Scheitelleitlinie
$h(y)$, h_m	mm	Hilfsgrößen zur Steigungsberechnung
k_1, k_2, k_3		Konstanten einer kubischen Gleichung
$1:k_n$		Kegelneigung
l	mm	Regelstrahllänge; Stammdatenwert 30 mm
l_b	mm	Verschiebeweg des Fräsers in Achsrichtung bei der Grundflächenberücksichtigung
$m(y)$, $m'(y)$		Steigung tg $\alpha(y)$ bzw. tg $\alpha'(y)$ in einer y- bzw. y'= konstant-Ebene
$n'(y)$	mm	Achsenabschnitt der Tangente $t(y)$ an die Schnittellipse in z'-Richtung
r_F	mm	Fräserradius des zylindrischen Schaftfräsers; Fräserspitzenradius des kegeligen Schaftfräsers; Stammdatenwert 6 mm
r_l	mm	Fräserradius im Abstand l von der Fräserspitze
r_R	mm	Radius des Rohteilzylinders beim Fräserrücklauf
$s(y)$	mm	Ort der Entstehung des Unterschnittextremwertes in x'-Richtung auf der Regelfläche
Δs	mm	Abstand Fräserachse-Scheitelkontursehne
t	mm	Skalarfaktor einer Geradengleichung in Vektorform
$u(y)$, $u'(y)$	mm	Unterschneidung in einer y=konstant-Ebene
u_A	mm	Formabweichung $\lvert u_{max} - u_{min} \rvert$ der Unterschneidung
Δu_A	mm	Formabweichungsänderung
u_e	mm	Extremwert der Unterschneidung
u_G	mm	Unterschneidung der Grundkontur
u_M	mm	mittlere Unterschneidung $(u_{max} + u_{min})/2$
u_{max}	mm	maximale Unterschneidung
u_{min}	mm	minimale Unterschneidung
u_S	mm	Unterschneidung der Scheitelkontur
y_e	mm	Ort mit maximaler oder minimaler Unterschneidung auf einem Regelstrahl

y_{Mi}	mm	Ort der Tangentensteigung $m'(y) = 0$ auf dem Regelstrahl
z_R	mm	Höhe des Rohteilzylinders beim Fräserrücklauf
$\alpha(y)$	Grad	Steigung der Flächentangente in einem Punkt eines Regelstrahls
α_d	Grad	Drehwinkel des xyz-Koordinatensystems um die y-Achse; Stammdatenwert $\alpha_m/2$
α_m	Grad	maximale Flächenverwindung einer Regelfläche zwischen den Endpunkten eines Regelstrahls; Stammdatenwert 30°
β_m	Grad	Anstellwinkel eines Fräsers (zwischen $\vec{v}_G$ und $\vec{v}_S$)
$\bar{\beta}_m$	Grad	Anstellwinkel nach erfolgter Unterschnittkorrektur
β_{opt}	Grad	optimaler Anstellwinkel eines Fräsers
γ	Grad	Winkel zwischen den Vektoren $\vec{n}_G$ und $\vec{v}_G$
δ	Grad	Winkel zwischen den Vektoren $\vec{n}_S$ und $\vec{v}_S$
ς	mm	Eckenradius eines Schaftfräsers
ε	Grad	Projektionswinkel zur Grenzflächenkontrolle
φ	Grad	Voreilwinkel
Θ	Grad	Hilfswinkel

Vektoren

$\vec{c}$	Cutvector
$\vec{c}_S$	Verbindungsvektor in Höhe der Scheitelleitlinie
$\vec{n}_G,\ \vec{n}_S$	Flächennormalen im Schnittpunkt des Regelstrahls mit der Grund- und Scheitelleitlinie
$\vec{n}_M$	mittlere Flächennormale zwischen $\vec{n}_G$ und $\vec{n}_S$
$\vec{q}$	Fräserachsrichtungsvektor
$\vec{q}_n$	Einheitsvektor in Fräserachsrichtung
$\vec{q}_1$	Fräserachsrichtung nach erfolgtem Unterschnittausgleich

$\vec{q}_\varphi$	Fräserachsrichtung nach der Voreilwinkelrealisierung
$\vec{v}_G$, $\vec{v}_S$	Anstellvektoren zur Fräserspitzen- und Fräserachsrichtungsberechnung

Symbole

d	Diagonale
F_G	Fräserspitzenpunkt; Schnittpunkt der Fräserachse mit dem Anstellvektor $\vec{v}_G$ durch den Grundschnittpunkt P_G
F_S	Schnittpunkt der Fräserachse mit dem Anstellvektor $\vec{v}_S$ durch den Scheitelschnittpunkt P_S
$\overline{F}_G$, $\overline{F}_S$	Schnittpunkte auf der Fräserachse nach erfolgtem Unterschnittausgleich
$F_M(y)$	laufender Punkt auf der Fräserachse im x'y'z'-Koordinatensystem
F_T	Kraftkomponente in Fräserachsrichtung
F_V	Kraftkomponente in Vorschubrichtung
g	Regelstrahl
G	Index für Grundleitlinie
I	Laufindex
P_F	Fußpunkt für eine Vektordefinition
P_G, P_S	Schnittpunkte des Regelstrahls mit der Grund- oder Scheitelleitlinie der zu fräsenden Regelfläche
P_A, P_E	Anfangs- bzw. Endpunkt des Fräserrücklaufs
P_1, P_2, P_3	Zwischenpunkte beim rohteilorientierten Fräserrücklauf
P_m, $P(y)$	Hilfspunkte zur Herleitung des Steigungsverlaufs
Q_G, Q_S	die P_G, P_S entsprechenden Punkte einer als Grenzfläche definierten Regelfläche

S	Index für Scheitelleitlinie
s_G, s_S	Grund- bzw. Scheitelsehnen
t_G, t_S	Flächentangenten in P_G bzw. P_S
$t(y)$	Flächentangente in einer y=konstant-Ebene
$x_M'(y)$	Koordinate des Punktes $F_M(y)$ in x'-Richtung
xyz-System	rechtwinkliges Koordinatensystem
x'y'z'-System	um α_d um die $y = y'$-Achse gedrehtes Koordinatensystem
z_M'	Koordinate des Punktes $F_M(y)$ in z'-Richtung

Verwendete Programmiersprachworte

MULTAX	<u>multi</u> <u>ax</u>is, mehrachsige Programmierung, APT- und ISWAX5-Sprachwort
NOUND	<u>no</u> <u>und</u>ercut, Unterschnittausgleich in jeder Fräserposition, ISWAX5-Sprachwort
NOWEED	<u>no</u> <u>weed</u>ing, verhindert Auslassen nichtbenötigter Punkte zur numerischen Flächenbeschreibung in FMILL
SET	<u>set</u>ting, Fräseranstellung, ISWAX5-Sprachwort

1   Einleitung und Problemstellung

An Werkstücken aus verschiedenen Anwendungsgebieten sind häufig beliebig gekrümmte Flächen spanend zu bearbeiten / 1 / . In zunehmendem Maße wird dazu fünfachsig numerisch gesteuertes (NC-) Fräsen
eingesetzt, wobei die Position der Fräserspitze und die Fräserachsrichtung kontinuierlich und simultan bahngesteuert werden. Durch die dabei
optimale Fräser-Werkstück-Zuordnung sind hohe geometrische Genauigkeiten bei geringer manueller Nacharbeit einzuhalten. Im Vergleich
zum dreiachsigen NC-Fräsen ergeben sich zusätzliche technologische
und wirtschaftliche Vorteile / 2 /.

Entwicklungsarbeiten über den speziellen Aufbau von fünfachsig numerisch gesteuerten Fräsmaschinen / 3, 4 / und die auf verschiedenen Bau-
formen erzielbaren Genauigkeiten / 5, 6 / sind abgeschlossen. Die zur
Realisierung einer fünfachsigen Fräsbewegung notwendigen Steuerungen
werden von unterschiedlichen Herstellern angeboten und sind ebenso
Stand der Technik, wie die von ihnen oder den Maschinenherstellern be-
reitgestellten Postprocessoren.

Die schwer vorstellbaren Bewegungen der fünf Maschinenachsen erfor-
dern den Einsatz von Programmiersystemen zur rechnerunterstützten
Steuerlochstreifenerstellung / 7 /. Als Programmiersystem wird dabei
im folgenden das Tripel aus Eingabesprache, Programmsystem und Dateien bezeichnet / 8 /. Sowohl für analytisch einfach beschreibbare Flächen als auch für Stirnfräsbearbeitungen an analytisch nicht einfach beschreibbaren Flächen existieren inzwischen Systeme, die den speziellen
Anforderungen der fünfachsig gesteuerten Fräsbearbeitung i.a. gerecht
werden.

An Werkstücken der Luft- und Raumfahrtindustrie (Integralbauteile, Pum-
penlaufräder) oder z.B. des Werkzeugbaus sind einzelne Formelemente
als analytisch nicht einfach beschreibbare Regelflächen / 9 / definiert.

Die spanende Bearbeitung solcher Flächen erfolgt vorteilhaft durch fünfachsiges NC-Umfangsfräsen, da bei dieser Fräsart das beim fünfachsigen Stirnfräsen entstehende Fräsrillenprofil vermieden wird.

Sind die Regelflächen in sich verwunden / 10 / und ändert sich die Größe
der Flächenverwindung von Regelstrahl zu Regelstrahl, führen die in
den existierenden Programmiersystemen realisierbaren Fräseranstellungen beim fünfachsigen Umfangsfräsen bezüglich der jeweils zu fräsenden Fläche zu unzulässig großen Form- und Maßabweichungen, denen
lediglich durch die Bereitstellung geeigneter Programmsystemkompo-
nenten wirkungsvoll begegnet werden kann.

Für die vorliegende Arbeit ergibt sich deshalb die Zielsetzung, die Programmierung der fünfachsigen NC-Umfangsfräsbearbeitung verwundener
Regelflächen so zu ermöglichen, daß diese auch als Unterschneidungen
bezeichneten Abweichungen auf ein Mindestmaß reduziert werden. Gemäß der in Programmsystemen für analytisch nicht einfach beschreibbare Flächen üblichen Gliederung in die Systembereiche numerische
Flächenbeschreibung und Fräserversatzberechnung, sind dabei diese
beiden Bereiche zu untersuchen.

Ein für die Beschreibung verwundener Regelflächen geeignetes System
muß gewährleisten, daß die nach der Fräsbearbeitung feststellbaren
Abweichungen nicht bereits durch die Flächenbeschreibung verursacht
werden.

Die Entwicklung von Algorithmen zur Fräserversatzberechnung bei verwundenen Regelflächen setzt zunächst eine Definition der Einflußparameter auf die Herstellgenauigkeit, sowie Analysen bezüglich ihrer Auswirkungen auf die entstehenden Unterschneidungen voraus. Dabei sind
auch unterschiedliche Fräsergeometrien zu prüfen.

Die Programmierung der Umfangsfräsbearbeitung an verwundenen Regelflächen kann jedoch selten für sich allein betrachtet werden. Vielmehr sind bei Werkstücken, die verwundene Regelflächen enthalten, häufig auch angrenzende Grundflächen mitzubearbeiten (Umfangsstirnfräsen) und es dürfen benachbarte Flächen nicht verletzt werden.

Die angebotenen Programmiersysteme haben entweder keine Möglichkeit zur Grund- und Grenzflächenkontrolle oder lassen sie zwar gegenüber analytisch einfach beschreibbaren Flächen zu, enthalten dann jedoch keine Algorithmen zur günstigen Fräserführung für eine toleranzhaltige Umfangsfräsbearbeitung verwundener Regelflächen.

Da die Grenzflächen an Werkstücken mit verwundenen Regelflächen häufig ebenfalls nicht einfach beschreibbare verwundene Regelflächen sind, müssen entsprechende Strategien zur Berücksichtigung solcher Grenzflächen und von Grundflächen untersucht werden.

Um die Vorteile der fünfachsigen Fräsbearbeitung, geometrisch und technologisch optimal fertigen zu können, auszunützen, sollten außer zu den genannten Problemstellungen auch Überlegungen zur optimalen Zwischenraumbearbeitung in der Nähe verwundener Regelflächen und zur kollisionsfreien Fräserpositionierbewegung in die Startposition einer nächsten Fräsbahn angestellt werden.

Zur Prüfung aller Ergebnisse sind die dargestellten Untersuchungen in Programme und Eingabespracherweiterungen umzusetzen und in einem NC-Programmiersystem zu integrieren, damit darin sowohl einzelne verwundene Regelflächen als auch komplexe Werkstücke mit verwundenen Regelflächen als Bearbeitungs- und als Grenzflächen berücksichtigt werden können. So lassen sich dann ausgewählte Beispiele programmieren, auf einer Fünfachsen-Fräsmaschine fräsen und anschließend vermessen.

2   Regelflächen

2.1   Definition und Einordnung

Wird eine Kurve im Raum bewegt, überstreicht sie dabei eine Bewegungsfläche / 8 /. Ist die **erzeugende** Kurve im speziellen Fall eine Gerade, dann entsteht durch ihre Bewegung eine Regelfläche. Die diskreten Stellungen der Geraden auf der Fläche (z.B. nach bestimmten Zeitabschnitten) werden im folgenden als Regelstrahlen bezeichnet. Bild 2.1 stellt eine Gliederung der Bewegungsflächen dar / 9 /.

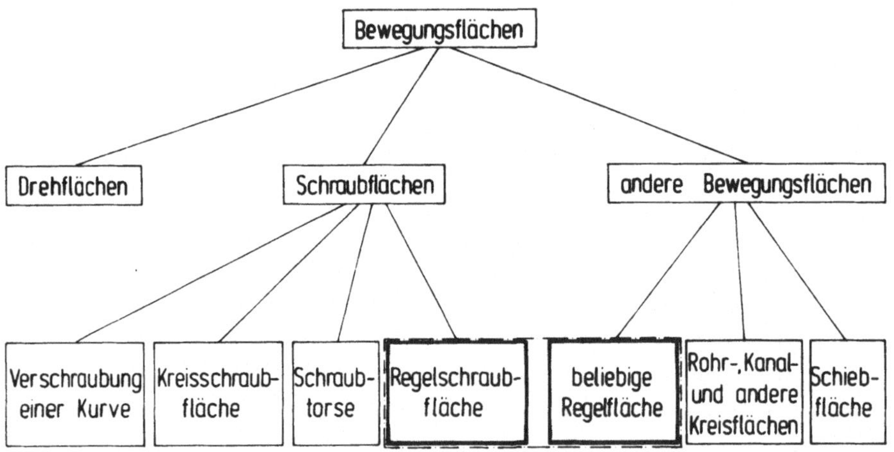

Bild 2.1:   Gliederung der Bewegungsflächen / 9 /

Neben der Regelfläche tritt in dieser Übersicht auch der Begriff Regelschraubfläche auf. Es handelt sich dabei um eine spezielle Regelfläche, die durch eine sogenannte Verschraubung des Regelstrahls um eine gerade Leitlinie entsteht. Da außer diesem Bildungsgesetz alle anderen Eigenschaften und Definitionen sowohl für die Regelschraub- als auch für die Regelfläche gültig sind, beziehen sich die folgenden Betrachtungen auf den allgemeineren Begriff der Regelfläche und beinhalten damit auch die Regelschraubfläche.

2.2 Werkstücke mit Regelflächen

Regelflächen kommen als Haupt- oder Nebenformelemente in Werkstück-
spektren verschiedener Anwendungsgebiete industrieller Produkte vor.

Als Beispiele können Flächen an Ziehwerkzeugen der Automobilindustrie,
Rippen, Stege oder Anschlußflächen von Flugzeugteilen / 1 /, Verdichter-
flächen der Energietechnik und Schaufelflächen von Pumpenlaufrädern aus
dem Bereich der Raumfahrtindustrie angeführt werden. Bild 2.2 zeigt
ein solches Laufrad, dessen Schaufelflächen als Regelflächen definiert
sind.

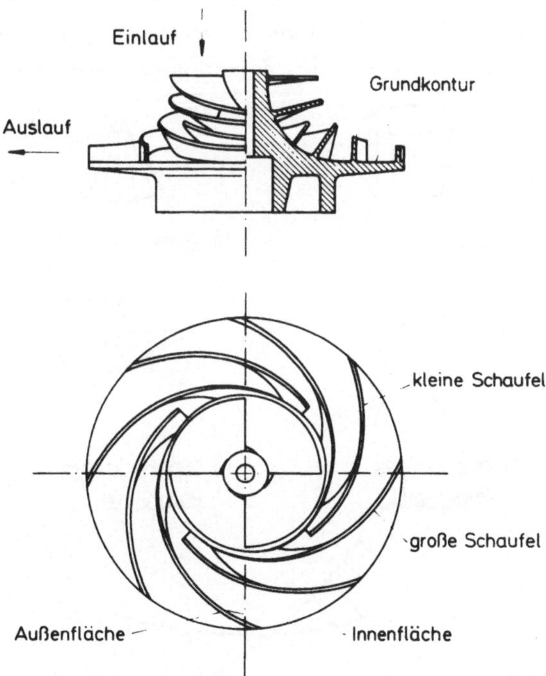

<u>Bild 2.2</u>:   Pumpenlaufrad mit verwundenen Regelflächen / 11 /

Alle bisher genannten Regelflächen sind durch Linien quer zu den definierten Regelstrahlen begrenzt. Diese Begrenzungslinien werden im folgenden als Grund- und Scheitelleitlinien bezeichnet.

2.3 Mathematische Beschreibung

Die Definition der Regelflächen enthält sowohl die analytisch einfach beschreibbaren Regelflächen wie Zylinder, Kegel usw. (Bild 2.3 a...d) als auch die analytisch nicht einfach beschreibbaren Flächen, die durch beliebige unregelmäßige Bewegungen der Regelstrahlen entstehen (Bild 2.3 e). Zur Beschreibung beider Arten von Regelflächen genügt eine hinreichende Anzahl von Regelstrahlen, die durch die Schnittpunkte P_G, P_S dieser Strahlen mit den beiden Leitlinien sowie die in diesen Schnittpunkten gültigen Flächennormalen $\vec{n}_G$, $\vec{n}_S$ definiert werden können.

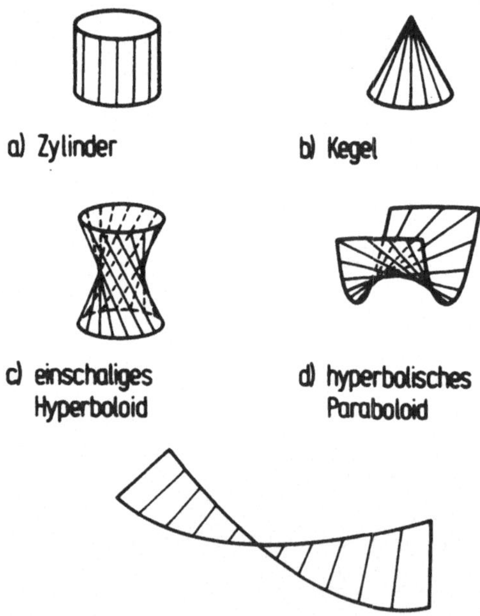

Bild 2.3:   Arten von Regelflächen / 12 /

Die Werkstücke mit analytisch einfach beschreibbaren Flächen müssen damit für die nachfolgenden Betrachtungen nicht gesondert behandelt werden, obwohl für sie einfachere Lösungsmöglichkeiten über die mathematische Gleichung denkbar sind.

2.4 Geometrische Unterschiede

Nach Bild 2.4 sind Regelflächen in abwickelbare und verwundene Regelflächen zu unterscheiden.

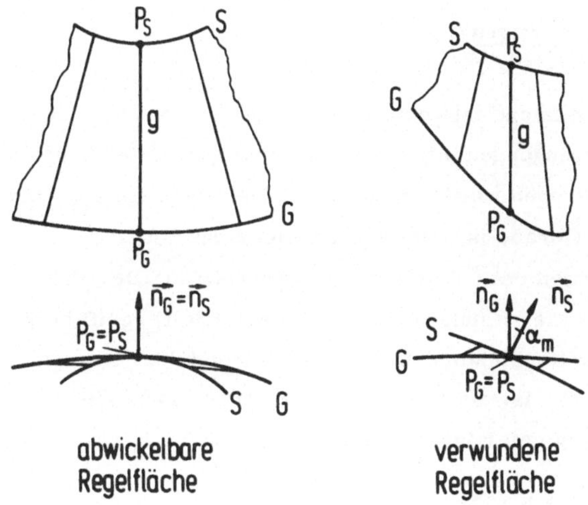

<u>Bild 2.4</u>:   Geometrisch unterschiedliche Regelflächen / 11 /

Abwickelbare Regelflächen lassen sich ohne Dehnen und Knittern in eine Ebene abwickeln (Zylinder, Kegel usw.). Verwundene Regelflächen besitzen im allgemeinen in allen Punkten eines Regelstrahls verschiedene Tangentialebenen / 10 /. Der Winkel α_m zwischen den Tangentialebenen in den Schnittpunkten P_G, P_S eines betrachteten Regelstrahls, der auch zwischen den Flächennormalen $\vec{n}_G$, $\vec{n}_S$ in diesen Punkten auftritt, definiert dabei die maximale Verwindung der Fläche in diesem Regelstrahl.

Ist der mathematische Zusammenhang zwischen der Flächenverwindung und der jeweiligen Position auf dem betrachteten Regelstrahl bekannt, kann aus der Vorgabe von P_G und P_S sowie $\vec{n}_G$ und $\vec{n}_S$ neben der maximalen Flächenverwindung α_m und der Regelstrahllänge l auch die Verwindung an beliebigen Stellen des Regelstrahls berechnet werden. Untersuchungen über mögliche Abweichungen bei der spanenden Fertigung dieser Flächen können damit mathematisch durchgeführt werden, so daß sich keine zusätzlichen technologischen und meßtechnischen Fehlereinflüsse auswirken.

2.5 Spanende Fertigung

Eine Bewegungsfläche ist vorteilhaft spanend zu bearbeiten, wenn die Bahn ihrer Erzeugenden mit einem geeignet geformten Schneidwerkzeug direkt nachvollzogen werden kann. Bei einer Regelfläche, deren Erzeugende eine Gerade ist, bietet sich daher das Umfangsfräsen mit einem zylindrischen oder kegeligen Schaftfräser an. Der Fräser ist dabei so über die Fläche zu führen, daß die jeweils in Eingriff befindliche Zylinder- oder Kegelmantellinie als Erzeugende der Regelfläche aufgefaßt werden kann. Ist die Fläche nicht zu breit, kann sie dadurch in einem Arbeitsgang gefertigt werden.

Verläuft die zu zerspanende Regelfläche beliebig im Raum, ist eine fünfachsige Fertigungseinrichtung zur Realisierung der dazu erforderlichen Fräsbahn für eine geometrisch und technologisch optimale Fertigung Voraussetzung. Bevor auf die sich ergebenden Besonderheiten beim fünfachsigen Umfangsfräsen eingegangen wird, soll zunächst das fünfachsige Fräsen allgemein betrachtet werden.

3 Das fünfachsige Fräsen

Das fünfachsige Fräsen wird durch die aus seiner optimalen Fräser-Werkstück-Zuordnung resultierenden Vorteile immer häufiger zur Bearbeitung analytisch nicht einfach beschreibbarer Flächen eingesetzt / 13 /. Sind die dazu erforderlichen Fertigungseinrichtungen numerisch gesteuert, lassen sich neben der geometrisch und/oder technologisch optimalen Bearbeitung / 14 / auch noch die große Flexibilität und die hohe Wiederholgenauigkeit der NC-Bearbeitung ausnützen. Die realisierten Fünfachsen-Fertigungseinrichtungen sind nahezu ausschließlich mit numerischen Steuerungen ausgerüstet / 15 /, weshalb sich auch die folgenden Ausführungen lediglich auf das fünfachsige NC-Fräsen beziehen.

3.1 Systemkomponenten

Eine Fertigungseinrichtung für das fünfachsige NC-Fräsen läßt sich in die Komponenten NC-Programmiersystem, numerische Steuerung und Fünfachsen-Fräsmaschine gliedern / 16 /. Wie bereits ausgeführt, sollen dabei zur Komponente NC-Programmiersystem eine problemorientierte Eingabesprache, Dateien und die Programmsysteme / 8 / für die Verarbeitungsphase im Processor und die Nachverarbeitung der im Werkstückkoordinaten-System (W-System) definierten Daten im Postprocessor zählen (Bild 3.1).

Mit der Realisierung des "verbesserten NC-Datenflusses" / 17 / werden die Transformation der im W-System definierten Daten (CLDATA / 18 /) in ein Maschinenkoordinaten-System (M-System) und die Interpolation von Zwischenpunkten in die Steuerung verlagert, so daß in diesem Fall der Postprocessor im wesentlichen nur noch die Lochstreifenerstellung initiiert.

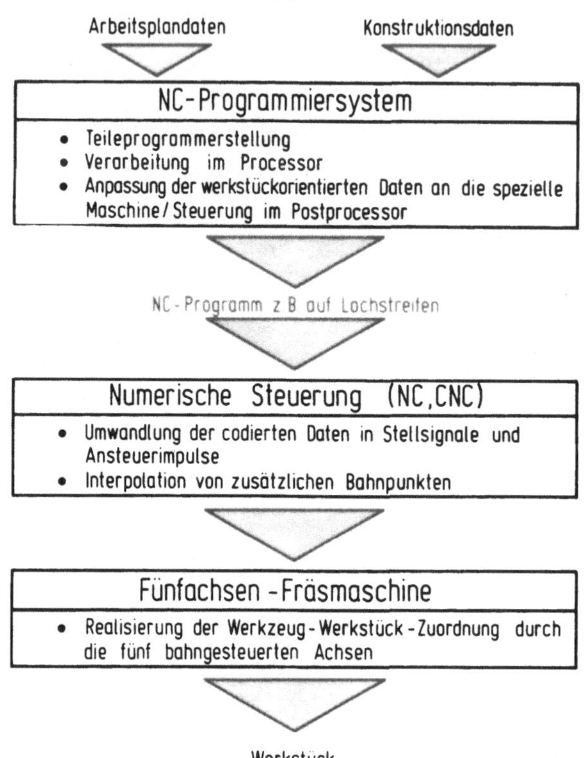

<u>Bild 3.1:</u> Systemkomponenten des fünfachsigen NC-Fräsens

Das bekannteste und am weitesten verbreitete problemorientierte Programmiersystem ist APT / 19 /, mit dem analytisch einfach beschreibbare Flächen bis zur zweiten Ordnung als Bearbeitungsflächen definiert und die dazu erforderlichen Fräsbahnen für einen als unendlich steifen Zylinder aufgefaßten Fräser berechnet werden können. Zur Programmierung der fünfachsigen Fräsbearbeitung bei analytisch nicht einfach beschreibbaren Werkstückflächen kommen APT-Erweiterungen (APT IV-SS, FMILL-APTLFT) und spezielle Entwicklungen (OKISURF, DBSURF, FMILL-ISWAX5) zum Einsatz / 1 /.

Bild 3.2 zeigt als Beispiel die am ISW ausgeführte Fünfachsen-Fräsmaschine, die mit drei translatorischen (T-) und zwei rotatorischen (R-)

Achsen zu der überwiegend realisierten Bauform / 15 / gehört, wobei die X'- und die C'-Achse werkstücktragend und deshalb nach / 20 / mit einem Beistrich gekennzeichnet sind. Auf dieser Maschine wurden die später beschriebenen Fräsversuche durchgeführt.

Bild 3.2:   Fünfachsen-Fräsmaschine

3.2   Fünfachsiges NC-Umfangsfräsen verwundener Regelflächen

Während bisherige Untersuchungen über das fünfachsige Fräsen vorwiegend das Stirnfräsen beachteten / 1,2 /, ergibt sich aus Kapitel 2.5, daß bei beliebig verlaufenden Regelflächen vorteilhafter das fünfachsige Umfangsfräsen eingesetzt werden kann, da dabei das beim dreiachsigen oder fünfachsigen Stirnfräsen in mehreren Bahnen entstehende Fräsrillenprofil vermieden wird. Abwickelbare Regelflächen lassen sich dann mit einem Fräser, dessen Radius bei konkavem Flächenverlauf kleiner als der kleinste Krümmungsradius der Regelfläche sein muß, ohne durch die aus der Fräser-Werkstück-Zuordnung verursachten Fehler fertigen, wenn z.B. der zylindrische Schaftfräser parallel zum jeweiligen Regelstrahl über die Fläche geführt wird und dabei der in Flächennormalenrichtung gemessene Abstand dem Fräserradius entspricht (Bild 3.3).

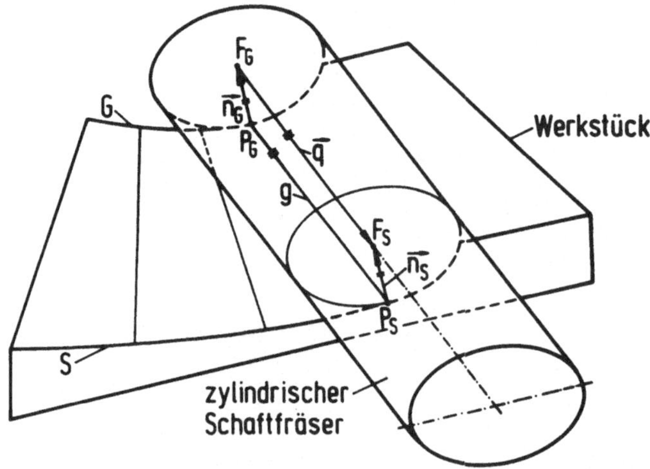

Bild 3.3:   Fünfachsiges Umfangsfräsen abwickelbarer Regelflächen

Beim fünfachsigen Umfangsfräsen verwundener Regelflächen treten, wie im Kapitel 4.2 noch gezeigt wird, durch die Anstellung des Fräsers parallel zum Regelstrahl im allgemeinen zu große Abweichungen von der geforderten Geraden auf. Die Abweichungen werden im folgenden als Unterschneidungen bzw. Unterschnitt u bezeichnet. Ein Schwerpunkt dieser Arbeit ist die Untersuchung möglicher Fräseranstellungen, die diese Unterschneidungen auf ein Mindestmaß reduzieren. Die maximale Flächenverwindung, die die Unterschneidungen wesentlich beeinflußt, ist an zu fräsenden Werkstücken meistens nicht bei allen Regelstrahlen konstant. Deshalb muß die Fräseranstellung bezüglich des jeweils betrachteten Regelstrahls ermittelt werden. Da vor allem diese Möglichkeit in keinem der angebotenen Programmiersysteme realisiert ist / 11 /, werden die im folgenden hergeleiteten Fräseranstellungen in ein spezielles Program-

miersystem /·21 / integriert, um damit die Möglichkeit zur Teileprogrammierung und Testbearbeitung ausgesuchter Werkstücke zu erhalten.

4 Programmierung analytisch nicht einfach beschreibbarer Regelflächen

Definiert man unter NC-Programmierung die Summe aller Arbeiten zur Erstellung eines Steuerlochstreifens / 7 /, läßt sich dieser Vorgang in die Teileprogrammerstellung, die Verarbeitung im Programmsystem und die Nachverarbeitung der Daten im Postprocessor gliedern. Innerhalb der Verarbeitungsphase ist bei der Programmierung analytisch nicht einfach beschreibbarer Flächen noch eine Unterteilung in die Programmsystemstufen

- Flächenbeschreibung und
- Fräserversatzberechnung

nach Bild 4.1 üblich.

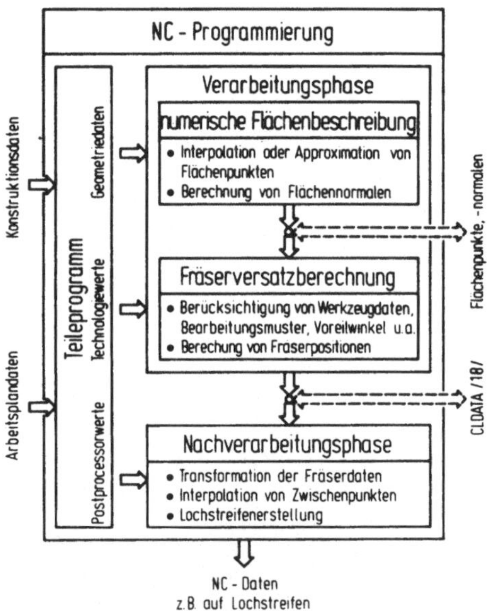

Bild 4.1: Stufen der NC-Programmierung

Die Schnittstelle zwischen diesen Stufen beinhaltet die Flächenpunkte
mit den dazugehörigen Flächennormalen der bei der Flächenbeschreibung
definierten Fläche. Aus diesen Angaben wird zusammen mit weiteren
Teileprogrammanweisungen bei der Fräserversatzberechnung die Position der Fräserspitze und die erforderliche Fräserachsrichtung zur
maßhaltigen Fräsbearbeitung der zuvor definierten Fläche ermittelt und
entsprechend der CLDATA-Norm / 18 / an den Postprocessor übergeben.

4.1 Beschreibung analytisch nicht einfach beschreibbarer Flächen

Analytisch nicht einfach beschreibbare Flächen, die auch als beliebig
gekrümmte Flächen bezeichnet werden, lassen sich durch ein Netz von
Vorgabepunkten definieren. Aus diesen Vorgabepunkten können in den
verschiedenen Flächenbeschreibungssystemen glatte Flächen approxi-
miert oder interpoliert werden / 22,23 /. Dabei besteht die Möglichkeit,
Zwischenpunkte mit zugehörigen Flächennormalen zu berechnen und
auszugeben, um die nachfolgende Fräserversatzberechnung für mehrere
Flächenpunkte und damit im allgemeinen genauer durchführen zu können.

4.1.1 Beschreibung analytisch nicht einfach beschreibbarer Regelflächen

Liegen die die Fläche beschreibenden Regelstrahlen und damit ihre
Schnittpunkte mit den Leitlinien entsprechend dicht und können aufgrund
bekannter Zusammenhänge die Flächennormalen in diesen Punkten angegeben werden, ist kein Flächenbeschreibungssystem erforderlich.

Bild 4.2 zeigt zwei Werkstücke mit einer einfachen Test-Regelfläche.
Die Fläche des links abgebildeten Werkstückes ist durch fünf Regelstrahlen definiert, die in parallelen Ebenen von 20 mm Abstand liegen und aus
denen die Punktdaten und Normalenrichtungen in den Schnittpunkten mit

den Leitlinien ermittelt werden konnten. Nach der Fräsbearbeitung ergab sich die abgebildete, stark segmentierte Fläche, die die Notwendigkeit zusätzlicher Zwischenpunkte zeigt. Sind die Flächen komplizierter, wird die Berechnung der Flächennormalen in den Vorgabepunkten und die Berechnung der Zwischenpunkte mit ihren Flächennormalen vorteilhaft in einem Flächenbeschreibungssystem erfolgen.

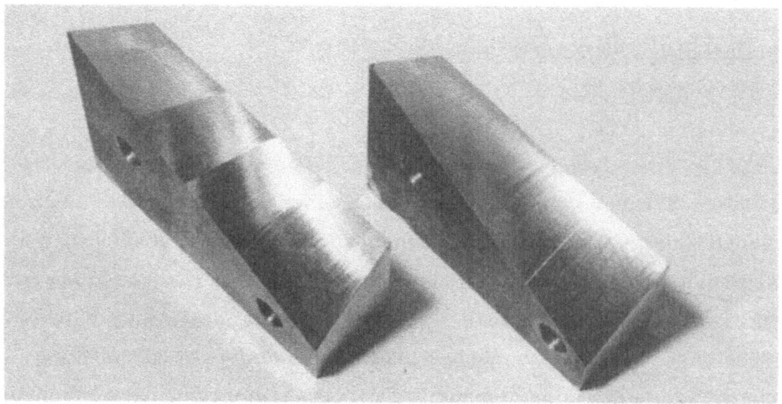

<u>Bild 4.2</u>:   Einfluß der Punktdichte beim fünfachsigen Umfangsfräsen
verwundener Regelflächen

Da an vielen Werkstücken erwartet wird, daß die eingegebenen Punkte auch wieder in der Ausgabe enthalten sind, soll dieses System interpolierend sein. Außerdem muß im System durch die beiden vorgegebenen Schnittpunkte mit der Grund- und Scheitelleitlinie und die entsprechenden Zwischenpunkte jeweils eine Gerade (d.h. der Regelstrahl) zu definieren sein. Ein System mit diesen Eigenschaften ist z.B. FMILL /24 /.

Im Bild 4.2 rechts ist eine gefräste Fläche dargestellt, die mit denselben Eingabedaten vorgegeben wurde und bei der in FMILL je drei zusätzliche Punkte auf beiden Leitlinien (damit drei zusätzliche Regelstrahlen zwischen zwei vorgegebenen) errechnet wurden. Die Fräserversatzberechnung wurde damit bei dieser Fläche für siebzehn Punkte gegenüber fünf Punkten bei der linken Fläche durchgeführt und alle anderen Parameter konstant gelassen. Das führte zu einer wesentlich glatteren Fläche.

4.1.2 Das Flächenbeschreibungssystem FMILL

Im Flächenbeschreibungssystem FMILL können außer beliebig gekrümmten Flächen auch punktweise vorgegebene Regelflächen definiert werden, indem nur zwei Folgen korrespondierender Punkte eingegeben werden, durch die im System eine Gerade bestimmt wird (Bild 4.3).

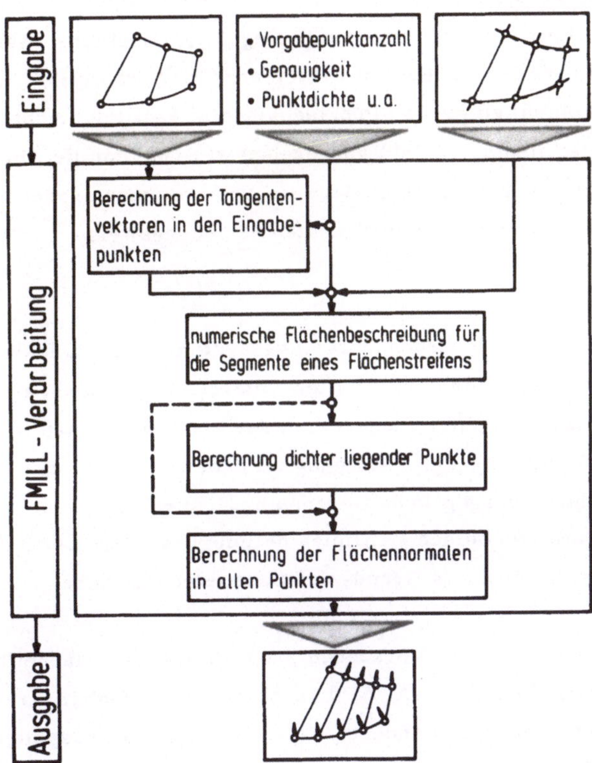

Bild 4.3:   Flächenbeschreibung verwundener Regelflächen in FMILL

Die Zwischenpunktberechnung ist lediglich in Leitlinienrichtung sinnvoll,
um einen kontinuierlichen Flächenverlauf bei der späteren Fräsbearbeitung zu erzielen. Durch die Programmieranweisung "NOWEED" wird ein
im System mögliches Auslassen einzelner Punkte auf einer Leitlinie, die
zum Erreichen einer programmierten Toleranz nicht notwendig wären,
unterdrückt, da sonst eventuell eine falsche Zuordnung von Punkten auf
der Grund- und Scheitelleitlinie ($\Rightarrow$ keine Regelstrahlen der Fläche) vorgenommen würde.

Sollen analytisch einfach beschreibbare Regelflächen zu Testzwecken
ebenfalls mit FMILL verarbeitet werden, empfiehlt sich außer der Punkt-
vorgabe auch die im System mögliche Vorgabe der dort gültigen Tangen-
tenrichtungen in Leitlinienrichtung und in Regelstrahlrichtung, was die
Genauigkeit der dann beschriebenen Fläche erhöht. Auch sollte für solche
Anwendungen ein nicht zu großer Punkteabstand in Leitlinienrichtung
($\hat{=}$ Abstand zweier Regelstrahlen) vorgegeben werden, um die Abweichungen und insbesondere die Winkelabweichung zwischen errechneten
und in FMILL ermittelten Zwischenpunkten beziehungsweise den Norma-
len in diesen Punkten klein zu halten.

Durch den Einsatz des Flächenbeschreibungssystems FMILL lassen sich
die durchgeführten und hier dargestellten Untersuchungen auch auf Flächen anwenden, die nicht im strengen Sinn der mathematischen Definition
einer Regelfläche unterliegen. Bedingung ist dabei lediglich, daß die jeweilige Fläche durch vorgegebene Geraden bzw. durch die Schnittpunkte
dieser Geraden mit den beiden Leitlinien definiert ist. Die Leitlinien
werden im folgenden auch als Grund- und Scheitelkontur bezeichnet.

Die in den später erläuterten Versuchen programmierten Flächen wurden alle mit FMILL beschrieben, da dieses System verfügbar war. Der
Einsatz eines entsprechenden anderen Flächenbeschreibungssystems
wäre ebenfalls denkbar.

4.2 Fräseranstellberechnung beim fünfachsigen NC-Umfangsfräsen mit zylindrischen Schaftfräsern

4.2.1 Entstehung von Unterschneidungen

Bei der beim Umfangsfräsen als Fräseranstellberechnung bezeichneten Fräserversatzberechnung wird sowohl die Position der Fräserspitze als auch die Richtung der Fräserachse bezüglich des am Werkstück betrachteten Regelstrahls ermittelt. Zur nachfolgenden Fräsbearbeitung wird dann der Fräser entsprechend dieser Anstellung zu den einzelnen Regelstrahlen über die Fläche geführt, um sie dabei spanend zu erzeugen. Wie beim fünfachsigen NC-Umfangsfräsen abwickelbarer Regelflächen, kann auch bei verwundenen Regelflächen der Fräser so bezüglich der Fläche angestellt werden, daß die Fräserachse parallel zu den definierten Regelstrahlen ist ($\hat{=} \beta_m = 0°$) und die Fräserspitze um den Fräserradius r_F in Richtung einer mittleren Flächennormalen $\vec{n}_M$ ($\hat{=} \alpha_d = \alpha_m/2$) über den Flächenpunkten liegt (vgl. auch Bild 4.9).

Im Bild 4.4 ist der gemessene Verlauf über dem mittleren Regelstrahl einer mit einem zylindrischen Schaftfräser von r_F = 10 mm Radius gefrästen Regelfläche nach Bild 4.2 dargestellt. Da die dabei entstandenen

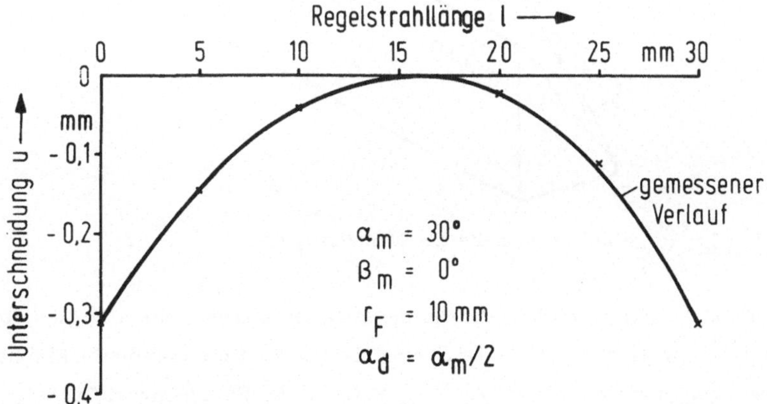

Bild 4.4: Gemessener Unterschneidungsverlauf über einem Regelstrahl einer verwundenen Regelfläche

Abweichungen im allgemeinen zu groß sind, werden im folgenden die Ursachen dieser Unterschneidungen analysiert und Möglichkeiten ihrer Reduzierung betrachtet.

Um bei diesen Analysen keine zusätzlichen fertigungs- oder meßtechnischen Einflußgrößen beachten zu müssen, werden die Untersuchungen an einem allgemeingültigen Beispiel rechnerisch durchgeführt und einzelne Ergebnisse später an gefrästen Werkstücken nachgeprüft.

4.2.2 Auswahl einer Modellfläche zur Berechnung der Unterschneidungen

Als Modellfläche wird eine Regelschraubfläche nach Bild 4.5 ausgewählt.

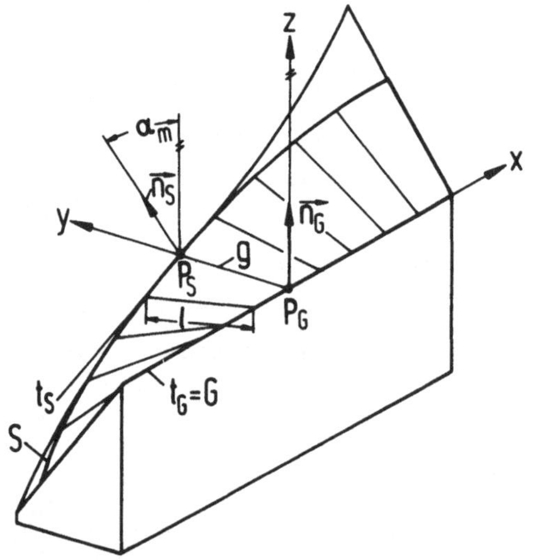

<u>Bild 4.5:</u> Regelschraubfläche als Modellregelfläche

Die Fläche kann durch Regelstrahlen definiert werden, die alle dieselbe Länge l aufweisen und zwischen deren Endpunkten die maximale Flächenverwindung den konstanten Wert α_m hat. Da die Regelschraubfläche mathematisch beschreibbar ist, kann für jeden Punkt eines Regelstrahls auch die Tangentialebene oder die Flächennormale berechnet werden.

Um die beim fünfachsigen NC-Umfangsfräsen dieser Fläche entstehenden Unterschneidungen später auch auf analytisch nicht einfach beschreibbare Flächen übertragen zu können, wird von dieser Regelschraubfläche zur Herleitung des Zusammenhanges zwischen der Unterschneidung und den sie beeinflussenden Parametern ein Regelstrahl ausgewählt, der durch die Schnittpunkte P_G, P_S mit der Grund- und Scheitelkontur sowie die Flächennormalen in diesen Schnittpunkten $\vec{n}_G$, $\vec{n}_S$ definiert ist.

Wie die Regelfläche durch einzelne Regelstrahlen, läßt sich ihre kontinuierliche Fräsbearbeitung in einzelne Fräseranstellungen bezüglich dieser Regelstrahlen diskretisieren. Deshalb werden die Unterschneidungen für einen Regelstrahl und die dabei gültige Fräseranstellung berechnet.

4.2.3 Mathematische Herleitung einer Unterschnittgleichung

Zur Herleitung einer Unterschnittgleichung werden die geometrischen Verhältnisse entsprechend Bild 4.6 zugrunde gelegt.

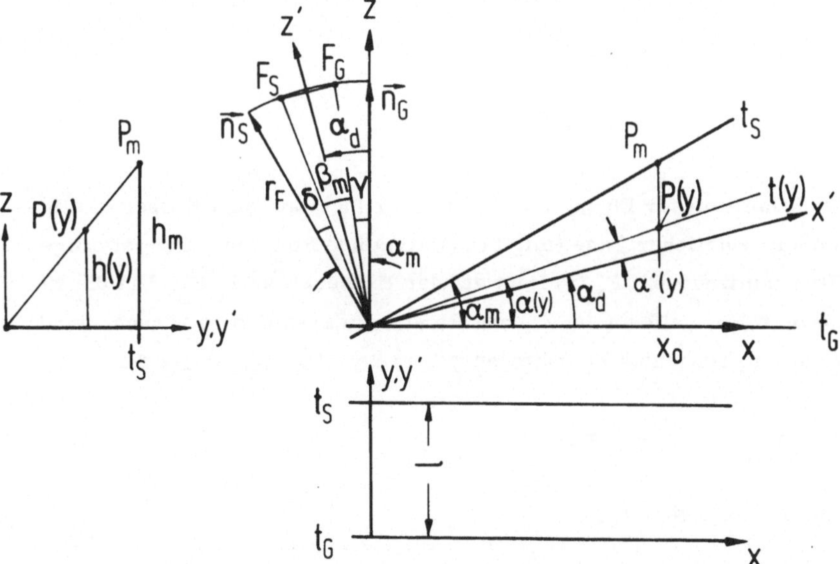

Bild 4.6:   Geometrische Beziehungen an einem Regelflächenausschnitt

Der betrachtete Regelstrahl liegt dabei parallel zu der Grund- und Seitenrißebene und erscheint in der Aufrißebene als Punkt.

Für die Berechnungen wird ein xyz-Koordinatensystem in der gezeichneten Art eingeführt. Die Regelfläche sei durch die jeweiligen Tangenten im Regelstrahl genügend genau angenähert; es treten also keine unverhältnismäßig großen Krümmungen auf.

Die Unterschneidung der Regelfläche wird durch den Fräser, der durch die Fräserachse durch die beiden Punkte F_G, F_S und den Fräserradius r_F gegeben ist, verursacht. Die Berechnung des Unterschneidungsbetrags erfolgt vorteilhaft mit Hilfe der vektoriellen Geometrie. Da jedoch aus diesen vektoriellen Berechnungen kein offensichtlicher Verlauf der Unterschneidungen ableitbar ist, werden die Verhältnisse in ebenen Schnitten (y = konstant-Ebenen) betrachtet. In einer dieser Ebenen kann für die Steigung $m(y) = \mathrm{tg}\,\alpha(y)$ der Flächentangente im Regelstrahl folgende Gleichung angegeben werden:

$$m(y) \quad = \quad c_1\, y \qquad\qquad (4.1)$$

$$\text{mit}\quad c_1 \quad = \quad \frac{\mathrm{tg}\,\alpha_m}{l} \qquad\qquad (4.2)$$

Der Schnitt dieser Ebene mit dem Fräser führt auf eine Ellipse in allgemeiner räumlicher Lage (mit Translation und Rotation). Der jeweilige Ellipsenmittelpunkt $F_M(y)$ liegt auf der Fräserachse $\overline{F_G F_S}$. Um die Ellipsen in Normalform, d. h. ohne Rotation, darstellen zu können, wird ein um α_d gedrehtes Koordinatensystem x'y'z' eingeführt, wobei

$$y' \quad = \quad y \qquad\qquad (4.3)$$

und α_d nach Bild 4.6

$$\alpha_d \quad = \quad \gamma + \frac{\beta_m}{2} \qquad\qquad (4.4)$$

mit $\quad \beta_m \quad = \quad \alpha_m - \gamma - \delta$ $\hfill (4.5)$

ist.

Wird der Fräser so bezüglich der Fläche angestellt, daß der Abstand F_G bzw. F_S zur y-Achse gerade dem Fräserradius r_F entspricht, folgt für die z'_M-Komponente von $F_M(y)$:

$$z'_M \quad = \quad r_F \ \cos \frac{\beta_m}{2} \hfill (4.6)$$

Der Verlauf von $x'_M(y)$ über der y-Achse ist aus Bild 4.7 ersichtlich.

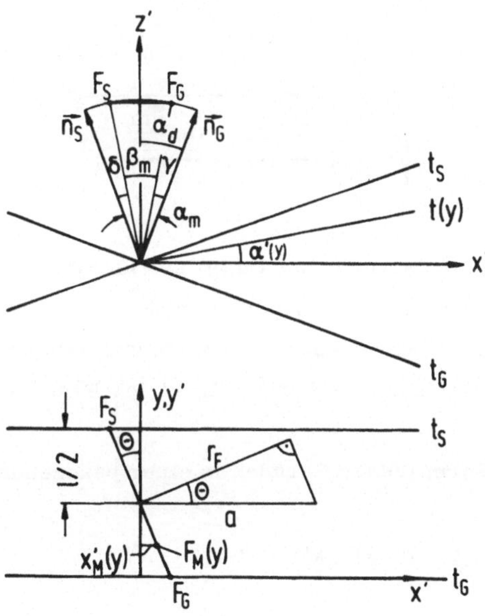

Bild 4.7: Ermittlung der Komponenten eines Punktes $F_M(y)$ auf der Fräserachse

Zusammen mit den Verhältnissen aus Bild 4.6 ergibt sich:

$$x'_M(y) \quad = \quad \frac{2}{1} \; r_F \; \sin\frac{\beta_m}{2} \; (\frac{1}{2} - y) \qquad\qquad (4.7)$$

Die Schnittellipse des Fräsers in einer y=konstant-Ebene läßt sich damit darstellen als:

$$\frac{(x' - x'_M(y))^2}{a^2} + \frac{(z' - z'_M)^2}{b^2} \quad = \quad 1 \qquad\qquad (4.8)$$

wobei für die Ellipsenhalbachsen gilt

$$b \qquad\qquad = \quad r_F \qquad\qquad (4.9)$$

$$a \qquad\qquad = \quad r_F \; c_{rF} \qquad\qquad (4.10)$$

$$\text{mit} \quad c_{rF} \qquad = \quad \sqrt{1 + \left(\frac{2 \; r_F \; \sin\frac{\beta_m}{2}}{1}\right)^2} \qquad\qquad (4.11)$$

Ein Maß für die Unterschneidungen u'(y) in Flächennormalenrichtung ist nach Bild 4.8 der Achsenabschnitt n'(y) auf der z'-Achse einer zur Tangente t(y) parallelen Geraden, die wiederum Tangente an die durch Gleichung (4.8) beschriebene Schnittellipse des Fräsers ist.

Die allgemeine Form dieser Geraden in einer y=konstant-Ebene ist

$$z' \qquad\qquad = \quad m'(y) \; x' + n'(y) \qquad\qquad (4.12)$$

Sie ist genau dann Tangente an die Ellipse nach Gleichung (4.8), wenn die Tangentenbedingung / 25 /

$$(n'(y) + m'(y) \; x'_M(y) - z'_M)^2 = a^2 \; m'^2(y) + b^2 \qquad\qquad (4.13)$$

erfüllt ist. Diese Gleichung läßt sich nach n'(y) auflösen. Die Geometrie nach Bild 4.8 zeigt, daß von den beiden möglichen Lösungen nur die Tangente mit dem kleineren Achsenabschnitt n'(y) gesucht ist, so daß gilt

$$n'(y) = z'_M - m'(y)\, x'_M(y) - \sqrt{a^2\, m'^2(y) + b^2}. \qquad (4.14)$$

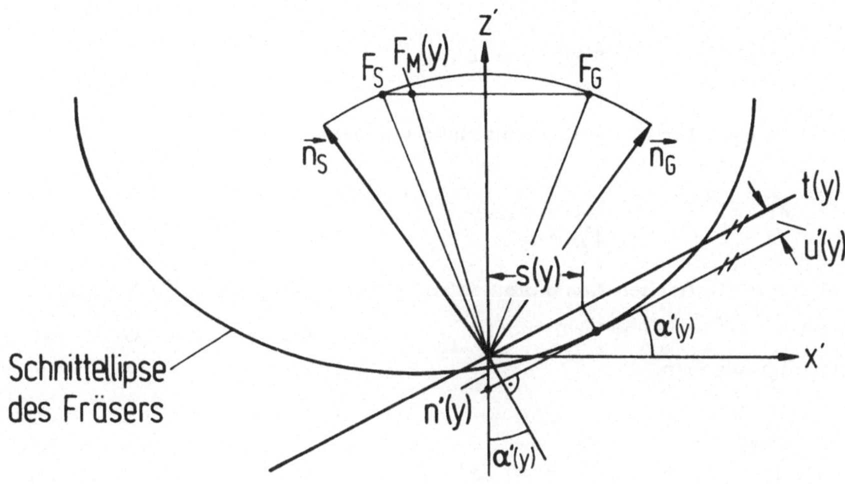

<u>Bild 4.8</u>: Entstehung des Unterschnitts u'(y) in einer y=konstant-Ebene

Um Gleichung (4.14) lösen zu können, muß noch m'(y) definiert werden.

Es ist $m'(y) = \mathrm{tg}\,\alpha'(y)$ und nach Bild 4.6

$$\mathrm{tg}\,\alpha'(y) = \mathrm{tg}\,(\alpha(y) - \alpha_d).$$

Das Additionstheorem der trigonometrischen Funktion $\mathrm{tg}(a_1 - a_2)$ auf diesen Ausdruck angewandt, liefert mit Gleichung (4.1)

$$m'(y) = \frac{c_1\, y - c_2}{1 + c_1\, c_2\, y} \qquad (4.15)$$

wobei $c_2 = \mathrm{tg}\,\alpha_d$ ist. $\qquad (4.16)$

Zu beachten ist dabei, daß der lineare Verlauf der Steigung über y nach Gleichung (4.1) durch die Koordinatentransformation nicht mehr gegeben ist.

Der Achsenabschnitt n'(y) nach Gleichung (4.14) läßt sich nach Bild 4.8 durch

$$u'(y) = n'(y) \ \cos \alpha'(y)$$

in einen Wert für die Unterschneidung umrechnen. Mit

$$\cos a_1 = \frac{1}{\pm\sqrt{1 + tg^2 a_1}}$$

und der realistischen Annahme, daß $\alpha'(y)$ nie größer als 90° oder kleiner als -90° wird und dafür $\cos(-a_1) = \cos a_1$ gilt, läßt sich u'(y) auch wie folgt angeben:

$$u'(y) = \frac{n'(y)}{\sqrt{1 + m'^2(y)}} \qquad (4.17)$$

Die in Flächennormalenrichtung berechnete, größte Unterschneidung u'(y) der betrachteten y=konstant-Ebene entsteht in einem Abstand s(y) in x'-Richtung. Durch die Annahme schwacher Leitlinienkrümmungen und geringer Änderung der maximalen Flächenverwindung im Bereich von $\pm$ s(y) um den betrachteten Regelstrahl, kann nahezu dieselbe Unterschneidung u'(y) in der Ebene, die den Regelstrahl und die in dieser y=konstant- Ebene gültige Flächennormale enthält, vorausgesetzt werden.

Durch die Definition der Unterschneidung in Richtung der Flächennormalen ist der Unterschneidungsbetrag auch für u(y) im xz-System relevant. Deshalb wird die Beziehung u(y) anstatt u'(y) weiter verwendet.

Mit Gleichung (4.14) wird dann aus Gleichung (4.17)

$$u(y) = \frac{1}{\sqrt{1 + m'^2(y)}} \left[z'_M - m'(y)\, x'_M(y) - \sqrt{a^2\, m'^2(y) + b^2} \right] \qquad (4.18)$$

Setzt man jetzt die Ausdrücke der Gleichungen (4.6), (4.7), (4.9) und (4.10) ein, führt das auf die allgemeine Unterschnittgleichung für das fünfachsige Umfangsfräsen verwundener Regelfächen mit zylindrischen Schaftfräsern:

$$u(y) = r_F \left\{ \frac{1}{\sqrt{1 + m'^2(y)}} \left[\cos\frac{\beta_m}{2} - m'(y)\frac{2}{l}\sin\frac{\beta_m}{2} \left(\frac{1}{2} - y\right) \right] - \sqrt{\frac{1 + c_{rF}^2\, m'^2(y)}{1 + m'^2(y)}} \right\} \qquad (4.19)$$

Unter den genannten Voraussetzungen kann durch sie auch der Unterschnitt der Fläche entlang eines betrachteten Regelstrahls dargestellt werden. Die Gleichung enthält die wesentlichen Einflußgrößen auf die Unterschneidung in Richtung der Flächennormalen über einem Regelstrahl.

Diese Einflußgrößen sind entweder explizit angegeben, wie der Fräseranstellwinkel β_m, der Fräserradius r_F, die Regelstrahllänge l und der Steigungsverlauf m'(y) oder implizit in anderen Größen enthalten, wie die maximale Flächenverwindung α_m entsprechend Gleichung (4.15) für die Steigung m'(y) und der Ort der Fräserspitze, der aus α_m zusammen mit r_F und α_d ermittelt werden kann (Bild 4.6 enthält bereits $\alpha_d = \alpha_m/2$).

Im folgenden wird der Einfluß jedes einzelnen Parameters analysiert, um so Erkenntnisse für eine Minimierung der entstehenden Unterschneidungen zu erhalten.

4.2.4 Einfluß des Fräseranstellwinkels β_m

Im Bild 4.9 ist eine Fräseranstellung bezüglich eines Regelstrahls dargestellt, die über die Anstellvektoren $\vec{v}_G$ und $\vec{v}_S$ zu realisieren ist und bei der

$$\alpha_d = \frac{\alpha_m}{2} \tag{4.20}$$

vorausgesetzt wird. Damit ergibt sich für δ und γ eine symmetrische Anordnung, da aus Gleichung (4.4)

$$\gamma = \frac{\alpha_m - \beta_m}{2} \tag{4.21}$$

und aus Gleichung (4.5)

$$\delta = \frac{\alpha_m - \beta_m}{2} \tag{4.22}$$

zu errechnen ist.

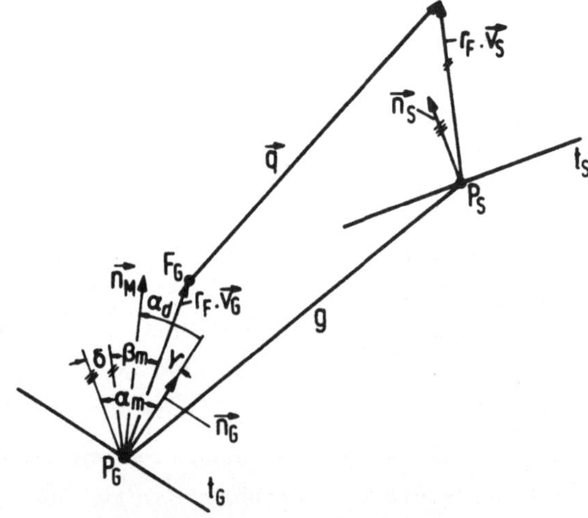

<u>Bild 4.9</u>:   Fräseranstellung bezüglich eines Regelstrahls

Für diesen Ausgangszustand werden jetzt verschiedene Fräseranstellungen betrachtet, die wegen Gleichung (4.20) allein durch unterschiedliche Anstellwinkel $ß_m$ ($0 \leq ß_m \leq \alpha_m$) definierbar sind.

4.2.4.1   Fräserachse parallel zum Regelstrahl

Sind die Fräserachse und der Regelstrahl parallel, so ergibt sich ein Anstellwinkel $ß_m = 0^O$. Gleichung (4.19) vereinfacht sich damit zu

$$u(y) = r_F (\cos \alpha\,'(y) - 1). \qquad (4.23)$$

Aus Gleichung (4.15) folgt, daß

$$-(\alpha_m/ 2) \leq \alpha'(y) \leq (\alpha_m/ 2)$$

wird, wenn $0 \leq y \leq 1$ ist.

Da $\cos(-a_1) = \cos(a_1)$ ist, wird die Unterschneidung in den beiden Extremlagen $y = 0$ und $y = 1$ betragsmäßig am größten. Es ist

$$u_e = r_F (\cos \frac{\alpha_m}{2} - 1). \qquad (4.24)$$

Nach Gleichung (4.23) wird die Unterschneidung an der Stelle, an der $\alpha\,'(y) = 0^O$ ist, zu Null. Wegen des nichtlinearen Verlaufs $m'(y)$ nach Gleichung (4.15) ist dies jedoch nicht exakt bei $y = 1/2$ der Fall, sondern läßt sich errechnen zu

$$y_{Mi} = \frac{1}{2} (1 - \mathrm{tg}^2(\frac{\alpha_m}{2})) \qquad (4.25)$$

Das Bild 4.10 zeigt die Auswirkungen der variierten Parameter Fräserradius, maximaler Verwindungswinkel und Regelstrahllänge bei dieser Fräseranstellung.

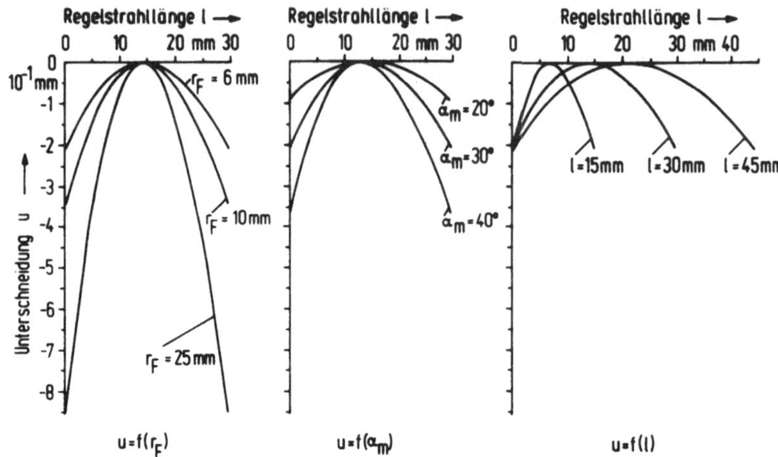

<u>Bild 4.10:</u> Unterschneidungsverlauf als Funktion verschiedener

Parameter bei $\beta_m = 0^\circ$ und $\alpha_d = \alpha_m/2$

Diesem und allen folgenden Bildern, die den gerechneten Verlauf der Unterschneidungen bei variierten Parametern enthalten, liegt ein sogenannter Stammdatensatz zugrunde. Dabei wird jeweils ein Parameter variiert, während die anderen Größen den konstanten Stammdatenwert behalten.

Die Stammdaten sind:

Fräserradius	r_F =	6 mm
maximale Flächenverwindung	α_m =	30°
Regelstrahllänge	l =	30 mm
Drehwinkel	α_d =	$\alpha_m/2$

4.2.4.2 <u>Fräserachse durch die äußeren Flächennormalen eines</u> <u>Regelstrahls</u>

Diese Fräseranstellung ist durch $\beta_m = \alpha_m$ gekennzeichnet. An der Stelle y_{Mi} nach Gleichung (4.25) entsteht aus Gleichung (4.19) wegen $m'(y_{Mi})=0$

$$u(y_{Mi}) = r_F \left(\cos \frac{\alpha_m}{2} - 1 \right).$$
(4.26)

Bei $y = 0$ und $y = 1$ wird die Unterschneidung Null, wenn $c_{rF}^2 = 1$ gesetzt wird. Der Maximalbetrag der Unterschneidung ist mit dieser Vereinfachung zahlenmäßig gleich groß wie bei der Fräseranstellung nach Kapitel 4.2.4.1, nur tritt dieser Maximalwert hier nicht in den Randstellen, sondern bei y_{Mi} auf.

Im Bild 4.11 werden wieder die Stammdatenparameter r_F, α_m und l variiert. Da zur Berechnung der Kurvenpunkte die Vereinfachung $c_{rF}^2 = 1$ nicht eingeführt, sondern die exakte Gleichung (4.19) zugrundegelegt wurde, treten an den Randstellen $y = 0$ und $y = 1$ ebenfalls noch geringe Unterschneidungen auf. Die Größenordnung dieser Randunterschneidungen im Verhältnis zu den maximalen Unterschneidungen zeigt, daß die Vereinfachung $c_{rF}^2 = 1$ bei nicht zu großen Fräserradien (z.B. $r_F \leq$ 10 mm) ohne große Fehler eingeführt werden kann.

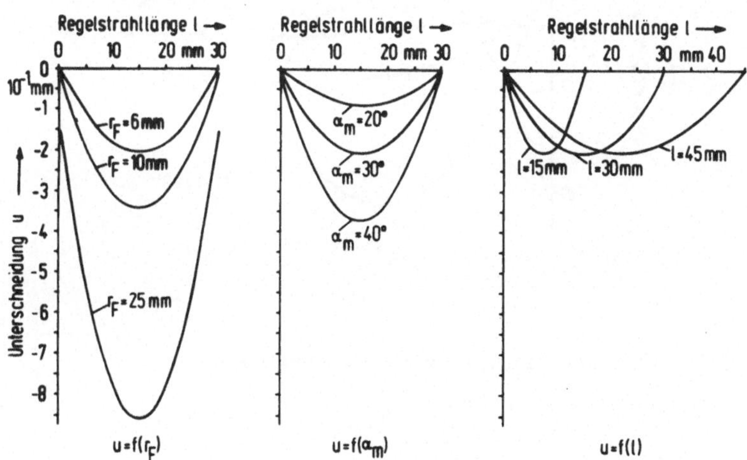

Bild 4.11: Unterschneidungsverlauf als Funktion verschiedener Parameter bei $\beta_m = \alpha_m$

4.2.4.3 <u>Fräseranstellung mit minimaler Unterschneidung</u>

Die Bilder 4.10 und 4.11 lassen vermuten, daß es mindestens eine Fräseranstellung zwischen diesen beiden, durch $\beta_m = 0^\circ$ bzw. $\beta_m = \alpha_m$ definierten, extremen Fräseranstellungen geben wird, bei der der Verlauf der Unterschneidung günstiger liegen wird als bei diesen.

Für Bild 4.12 wurde $\beta_m = \alpha_m/3$, $\beta_m = \alpha_m/2$ und $\beta_m = 2\alpha_m/3$ zu den beiden Extremlagen $\beta_m = 0^\circ$ und $\beta_m = \alpha_m$ aufgetragen. Die Kurve mit $\beta_m = \alpha_m/2$ nähert dabei die gewünschte Gerade am besten an, es bleibt jedoch noch eine relativ große mittlere Maßabweichung von etwa $-0,05\,\text{mm}$ trotz dieser Änderung der Fräseranstellung bestehen.

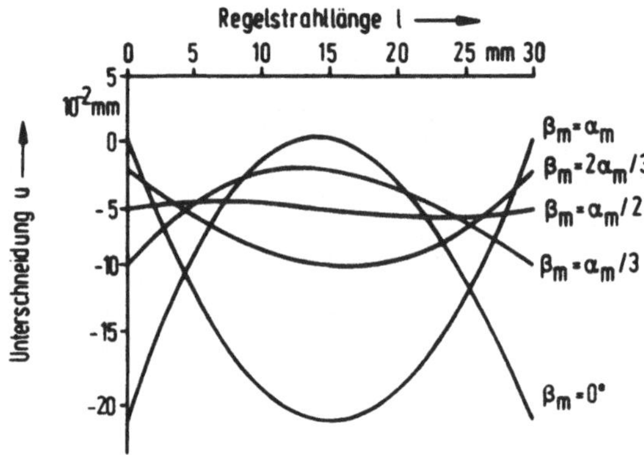

<u>Bild 4.12</u>: Unterschneidungsverlauf als Funktion des Fräseranstellwinkels β_m

Der Versuch, einen Fräseranstellwinkel mit optimalem Unterschneidungsverlauf über eine Extremwertbetrachtung der analytischen Geometrie / 25 / zu berechnen, führt auf eine kubische Gleichung der Form

$$k_1 \, y^3 - k_2 \, y - k_3 = 0, \qquad\qquad (4.27)$$

deren Lösungen nicht mehr in allgemeiner Form dargestellt werden können. Deshalb wird dieser optimale Anstellwinkel durch die Variation der
Einflußparameter auf die Unterschneidungen numerisch ermittelt. Dabei
ergibt sich eine Abhängigkeit zwischen dem optimalen Anstellwinkel und
dem Fräserradius, die im Bild 4.13 für die Stammdatenwerte von α_m
und l dargestellt ist. Im Bereich kleinerer Fräserradien wurde auch für
andere Werte von α_m und l jeweils $\beta_{opt} \approx \alpha_m/2$ berechnet.

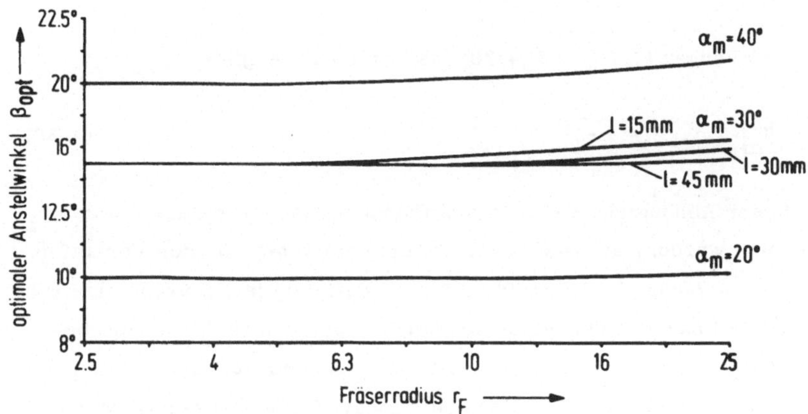

Bild 4.13: Optimaler Fräseranstellwinkel als Funktion des Fräserradius'

4.2.4.4 Fräseranstellung mit drei betragsgleichen Unterschneidungswerten

Stellt man die Forderung, daß die Unterschneidungen außen und bei y_{Mi}
nach Gleichung (4.25) gleich groß werden sollen / 26 /, führt das wegen

$$m'(0) = -tg \frac{\alpha_m}{2}$$

und daraus

$$\alpha\,'(0) \quad = \quad -\frac{\alpha_m}{2}$$

mit $y = 0$ zu

$$u(0) \quad = \quad r_F \left(\cos \frac{\alpha_m - \beta_m}{2} - 1 \right). \qquad (4.28)$$

Bei y_{Mi} gilt wegen $\alpha'(y_{Mi}) = 0$

$$u(y_{Mi}) \quad = \quad r_F \left(\cos \frac{\beta_m}{2} - 1 \right). \qquad (4.29)$$

Die Gleichungen (4.28) und (4.29) gleichgesetzt, ergibt:

$$\beta_m \quad = \quad \frac{\alpha_m}{2}\,. \qquad (4.30)$$

Mit dieser Abhängigkeit können aus Gleichung (4.27) die drei Stellen y_e errechnet werden, an denen Extremwerte auftreten. Da der Verlauf der Unterschneidungen lediglich für $0 \leq y \leq 1$ definiert ist, müssen die drei möglichen Lösungen überprüft werden, ob sie noch im Definitionsbereich liegen. Beim angenommenen Flächenverlauf fällt eine Lösung weg. Der Verlauf der Unterschneidung bei dieser Fräseranstellung ist mit einer Sinusfunktion mit einem Hoch- und einem Tiefpunkt vergleichbar. Aus den Unterschneidungswerten im Hoch- und Tiefpunkt kann eine mittlere Unterschneidung ($\hat{=}$ Maßabweichung)

$$u_M \quad = \quad \frac{u_{max} + u_{min}}{2} \qquad (4.31)$$

berechnet werden. Die maximale Formabweichung vom idealen Regelstrahl ist

$$u_A \quad = \quad \left| u_{max} - u_{min} \right|. \qquad (4.32)$$

4.2.4.5 Festlegung eines optimalen Fräseranstellwinkels bei der Modellfläche

Trägt man die auf die jeweilige Formabweichung bezogene Änderung der Formabweichung $\Delta u_A / u_A$ über dem Anstellwinkel auf, läßt sich der im Bild 4.14 dargestellte Verlauf für verschiedene Fräserradien angeben.

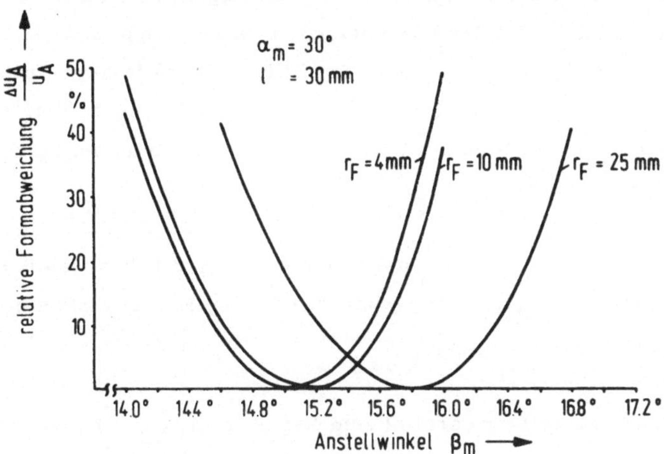

__Bild 4.14__: Relative Formabweichung als Funktion des Anstellwinkels

Es ist erkennbar, daß bei kleineren Fräserradien die minimale Formabweichung nahe $\alpha_m/2$ liegt und daß die bei $\beta_m = \alpha_m/2$ entstehende Formabweichung nur unwesentlich größer als der optimale Wert ist. In den realen Fällen einer fünfachsigen Umfangsfräsbearbeitung verwundener Regelflächen, bei der wegen der entstehenden Formabweichung selten zylindrische Schaftfräser mit Radien größer als 10 mm eingesetzt werden dürften, ist deshalb eine Fräseranstellung von $\beta_m = \alpha_m/2$ als nahezu optimal anzusehen. Außerdem wirken sich kleinere Fehler z.B. bei der Flächennormalenberechnung in den Zwischenpunkten nicht entscheidend auf die zu fräsende Fläche aus. Da sich der Anstellwinkel $\beta_m = \alpha_m/2$ auch bei Kapitel 4.2.4.4 als günstigster Wert ergeben hat, wird dieser Winkel künftig als optimaler Anstellwinkel bezeichnet.

4.2.5. Wahl der Fräserspitzenposition

Bisher wurde nach Gleichung (4.20) davon ausgegangen, daß $\alpha_d = \alpha_m/2$ ist. Hier wird untersucht, ob diese Annahme weiterhin berechtigt ist.

Der Verlauf der Unterschneidung über einem Regelstrahl im Bereich $0 \leq y \leq 1$ ändert sich mit der Variation der relativen Lage zwischen dem $x'y'z'$- und dem xyz-Koordinatensystem (Bild 4.6), da je nach Drehwinkel α_d eine andere Fräserspitzenposition und daraus folgend eine andere Fräseranstellung bezüglich des betrachteten Regelstrahls verwirklicht wird.

Die Fräseranstellung $\beta_m = \alpha_m$ nach Kapitel 4.2.4.2 läßt wegen der Hauptachsentransformation der Schnittellipse des Fräsers keine geeignetere Wahl des Koordinatensystems als $\alpha_d = \alpha_m/2$ zu.

Für die Fräseranstellung parallel zum Regelstrahl ($\beta_m = 0^\circ$) nach Kapitel 4.2.4.1 ergeben sich nach Bild 4.15 links bei $\alpha_d \neq \alpha_m/2$ jeweils ungünstigere Unterschneidungen vom Regelstrahl als bei $\alpha_d = \alpha_m/2$.

Variiert man den Drehwinkel α_d bei $\beta_m = \alpha_m/2$, führt wieder $\alpha_d = \alpha_m/2$ zum besten Verlauf der Formabweichung (Bild 4.15 rechts).

Ein eventuell besserer Unterschneidungsverlauf bei $\alpha_d \neq \alpha_m/2$ könnte sich damit lediglich bei einem Fräseranstellwinkel $\beta_m \neq \alpha_m/2$ ergeben. Zur Prüfung dieser Möglichkeit wurden die im Bild 4.6 enthaltenen Winkel δ und γ getrennt variiert und α_d daraus berechnet. Die günstigsten Unterschneidungswerte lagen bei diesen Berechnungen jedoch wieder bei $\beta_m \approx \alpha_m/2$ und $\alpha_d = \alpha_m/2$, so daß die Fräseranstellung mit $\alpha_d = \alpha_m/2$ und dem optimalen Anstellwinkel $\beta_m = \alpha_m/2$ im folgenden als optimale Fräseranstellung bezeichnet wird.

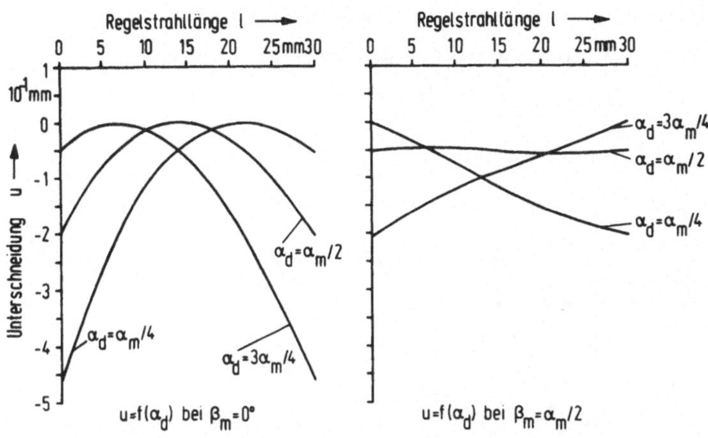

Bild 4.15: Unterschneidungsverlauf als Funktion des Drehwinkels α_d bei verschiedenen Anstellwinkeln β_m

4.2.6 Ausgleich der Maßabweichung bei der optimalen Fräseranstellung

Wie im Bild 4.12 dargestellt, entsteht auch bei optimaler Fräseranstellung trotz geringer Formabweichung noch eine verhältnismäßig große Maßabweichung, die jedoch durch ein individuelles Aufmaß in jedem Regelstrahl der Fläche nahezu ausgeglichen werden kann. Das Aufmaß entspricht der Differenz zwischen dem Fräserradius r_F und dem Abstand d_{RF} zwischen den windschiefen Geraden Regelstrahl und Fräserachse (Bild 4.16). Es wird in Richtung des den kürzesten Abstand zwischen den beiden Geraden darstellenden Verbindungsvektors (z'-Richtung im Bild 4.16) zugestellt, wodurch sich in geringem Maße auch der Anstellwinkel β_m des Fräsers zu $\overline{\beta_m}$ ändert, was sich durch die dabei entstehenden geringen Fehler bei kleineren Fräsern (vgl. Bild 4.14) aber nicht entscheidend auswirkt.

Bei der Fräseranstellung mit $\beta_m = 0°$ kann damit kein Aufmaß realisiert werden, da hier die Fräserachse und der Regelstrahl parallel sind und der kürzeste Abstand dieser Geraden genau dem Fräserradius entspricht.

Die Unterschneidungen entstehen, wie in Kapitel 4.2.3 beschrieben,
durch Vor- bzw. Nachschneiden des Fräsers beim kontinuierlichen Bearbeiten der gesamten Regelfläche.

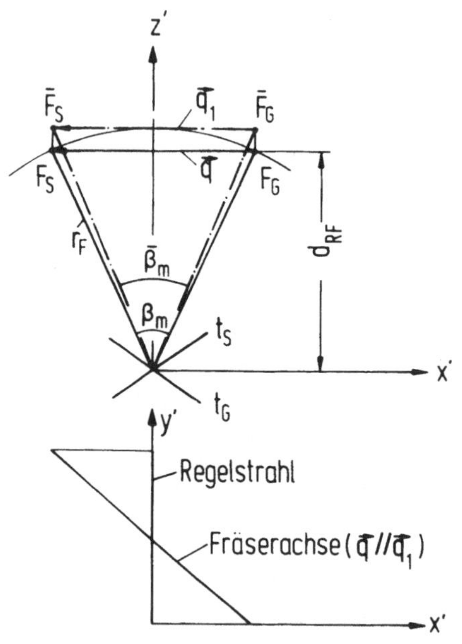

Bild 4.16: Ausgleich der Maßabweichung

Bild 4.17 zeigt die Unterschneidungen bei den drei Fräseranstellungen
$\beta_m = 0^o$, $\beta_m = \alpha_m/2$ und $\beta_m = \alpha_m$ ohne und mit diesem Ausgleich der Maßabweichung. Bei erfolgtem Ausgleich ist im Begriff Unterschneidung
auch ein Aufmaß über dem definierten Regelstrahl enthalten ("positive
Unterschneidung"). Alle folgenden Bilder mit dem berechneten Unterschneidungsverlauf beinhalten den Unterschnittausgleich, der in den dargestellten mathematischen Herleitungen jedoch nicht berücksichtigt ist.

4.2.7 Unterschneidungen durch den Fräserradius r_F

Die Unterschnittgleichung (4.19) vereinfacht sich noch wesentlich, wenn
$c_{rF}^2 = 1$ gesetzt werden kann. Bei einer gegebenen Regelfläche liegt 1

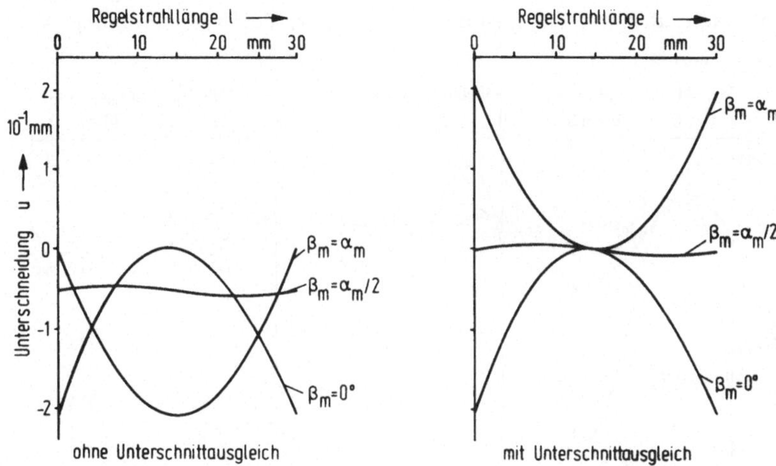

Bild 4.17: Unterschneidungsverlauf ohne und mit Ausgleich
der Maßabweichung

fest und β_m wird durch ein definiertes Verhältnis aus der maximalen
Flächenverwindung α_m errechnet (vgl. Kapitel 4.2.4.5). Nach Gleichung (4.11) ist deshalb diese Annahme bei einem nicht zu großen Verhältnis Fräserradius zu Regelstrahllänge gerechtfertigt.

Mit dieser Vereinfachung wird aus Gleichung (4.19)

$$u(y) = r_F \left\{ \frac{1}{\sqrt{1+m'^2(y)}} \left[\cos \frac{\beta_m}{2} - m'(y) \frac{2}{1} \sin \frac{\beta_m}{2} \left(\frac{1}{2} - y \right) \right] - 1 \right\}. \tag{4.33}$$

Diese vereinfachte Unterschnittgleichung enthält nun nur noch eine reine
Proportionalität zwischen $u(y)$ und r_F.

Bild 4.10 zeigte $u(y) = f(r_F)$ für den Anstellwinkel $\beta_m = 0°$ nach Kapitel
4.2.4.1, Bild 4.11 für $\beta_m = \alpha_m$ nach Kapitel 4.2.4.2.

Im Bild 4.18 links ist der Verlauf der Unterschneidung für $\beta_m = \alpha_m/2$ und unterschiedliche Fräserradien dargestellt, der aus Gleichung (4.19) berechnet wurde.

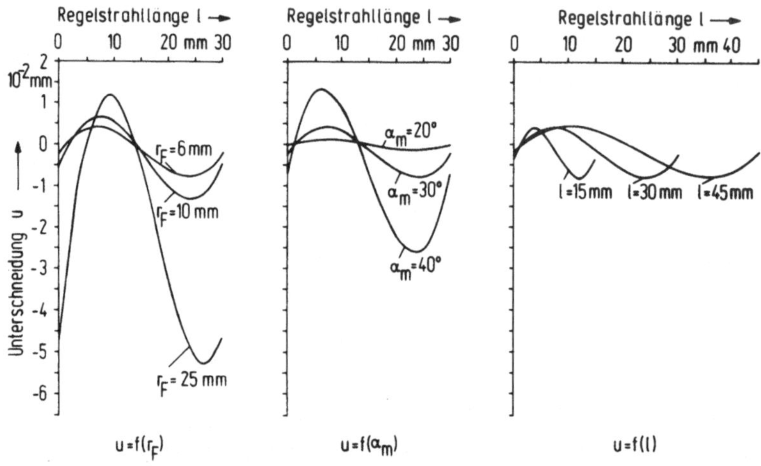

<u>Bild 4.18</u>:   Unterschneidungen als Funktion verschiedener Parameter bei $\beta_m = \alpha_m/2$

Hier ist erkennbar, daß für große Fräserradien zusammen mit den erwarteten größeren Unterschneidungswerten auch der Verlauf der Unterschneidung nicht mehr die Symmetrie aufweist, wie sie sich bei kleineren Radien ergibt. Diese Abweichung im Symmetrieverlauf ist durch die Annahme $\beta_m = \alpha_m/2$ bedingt, die ja nach Bild 4.13 bei größeren Radien nicht mehr exakt ist. Da die maximale Formabweichung beim Fräser mit 25 mm Radius betragsmäßig größer als 0,05 mm ist, wird für eine maßhaltige Fertigung ohnehin ein kleinerer Fräserradius zu wählen sein. Als Anhaltswert sollte bei der Teileprogrammierung der Fräserdurchmesser nicht größer als die Regelstrahllänge gewählt werden. Dem Bild 4.18 ist jedoch auch zu entnehmen, daß trotz des in Kapitel 4.2.7 beschriebenen Ausgleichs der Maßabweichungen durch die sich dabei ergebende Anstellwinkeländerung von β_m zu $\overline{\beta}_m$ noch eine - für Fräsbearbeitungen jedoch meist zu vernachlässigende - mittlere Maßabweichung bestehen bleibt.

4.2.8 Unterschneidungen durch den maximalen Verwindungswinkel α_m

Der Einfluß des Verwindungswinkels α_m auf die Unterschneidung bei der Fräseranstellung nach Kapitel 4.2.4.1 ($\beta_m = 0^O$) kann aus Gleichung (4.23) abgeleitet werden. Berücksichtigt man, daß der Betrag des Verwindungswinkels in den beiden Randstellen (y = 0, y = 1) jeweils $\alpha_m/2$ ist, führt das zu größer werdenden Unterschneidungen in den Randstellen eines Regelstrahls, wenn auch der Verwindungswinkel größer wird. Bild 4.10 Mitte enthält diese Abhängigkeit. Für $\beta_m = \alpha_m$ wird, wie in Kapitel 4.2.4.2 gezeigt, die Unterschneidung bei y_{Mi} mit zunehmendem Winkel α_m nach Gleichung (4.26) ebenfalls größer. Diese Abhängigkeit wurde im Bild 4.11 Mitte dargestellt.

Da diese beiden extremen Fräseranstellungen auch aus der allgemeinen Unterschnittgleichung (4.19) abgeleitet wurden, ist auch für die als optimal bezeichnete Fräseranstellung $\beta_m = \alpha_m/2$ diese direkte Abhängigkeit zwischen der Zunahme des Verwindungswinkels α_m und den Unterschneidungswerten u(y) zu erwarten. Das mittlere Diagramm im Bild 4.18 bestätigt diese Erwartung.

4.2.9 Unterschneidung durch die Regelstrahllänge 1

Der Einfluß der Regelstrahllänge 1 läßt sich nicht explizit angeben, da 1 sowohl in m'(y) nach Gleichung (4.1) als auch in c_{rF} nach Gleichung (4.11) enthalten ist. Die bisher dargestellten Bilder 4.10 für $\beta_m = 0^O$ und 4.11 für $\beta_m = \alpha_m$ bestätigen die auch im Bild 4.18 rechts erkennbare, geringe Abhängigkeit der Unterschneidungswerte von 1. Die Formabweichung bleibt nahezu konstant, die Mittelwerte u_M werden mit zunehmendem 1 geringfügig kleiner. Dies ist mit den Bildern 4.7 und 4.8 erklärbar, wo sich mit größer werdendem 1 die große Halbachse der Schnittellipse immer mehr dem Kreis nähert und so zu kleineren Unterschneidungswerten führt.

4.2.10 Unterschneidungen bei anderem Steigungsverlauf m'(y)

Die bisherigen Herleitungen und Betrachtungen bezogen sich auf die im
Bild 4.5 dargestellte Regelschraubfläche. In Spezialfällen können jedoch
auch andere Werkstücke vorkommen. Bild 4.19 zeigt eine solche spezielle Regelfläche.

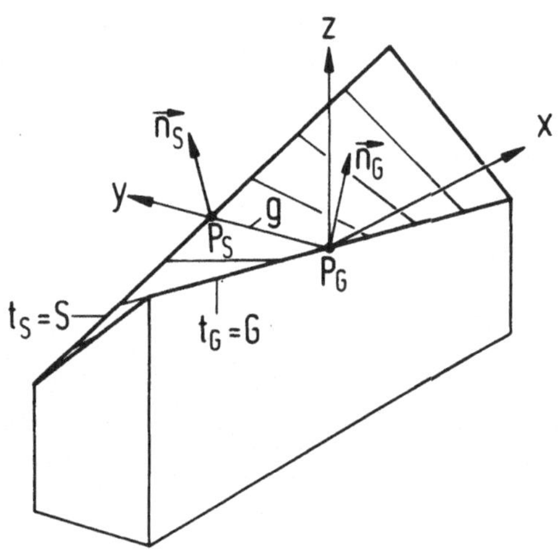

<u>Bild 4.19</u>:   Spezielle Modellregelfläche

Zur Herleitung der mathematischen Abhängigkeiten bei dieser Fläche
wird sie in Bild 4.20 in drei Ansichten entsprechend Bild 4.6 dargestellt.

Es ergibt sich hier

$$m(y) = c_3\, y - c_4 \tag{4.34}$$

$$\text{mit}\quad c_3 = \frac{2\,\mathrm{tg}(\alpha_m/2)}{1}$$

$$\text{und}\quad c_4 = \mathrm{tg}(\alpha_m/2)$$

Bei dieser Fläche muß keine Koordinatentransformation durchgeführt
werden, da die bei der Unterschnittberechnung zu berücksichtigende

Schnittellipse bereits in Hauptachsenform vorliegt. Auch hier kann wieder eine Unterschnittgleichung gemäß Gleichung (4.19) hergeleitet werden, nur ist dabei m'(y) = m(y) nach Gleichung (4.34) zu verwenden. Durch den nichtlinearen Verlauf m'(y) nach Gleichung (4.15) und den linearen Verlauf von m(y) nach Gleichung (4.34), ergeben sich für die Unterschneidungen jedoch andere Ergebnisse, die sich insbesondere in einem zur Regelstrahlmitte y = 1/2 symmetrischen Unterschneidungsprofil mit wesentlich geringeren Abweichungswerten von denen der Regelschraubfläche unterscheiden.

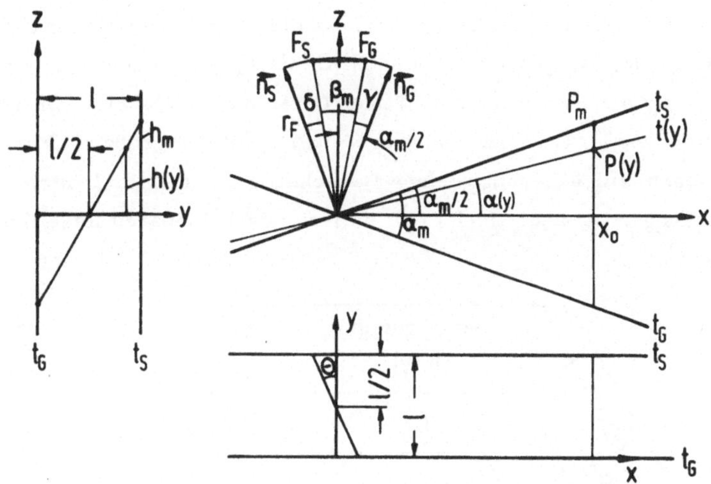

Bild 4.20: Geometrische Beziehungen an einem Ausschnitt der speziellen Modellregelfläche

Der optimale Fräseranstellwinkel bei dieser Fläche liegt ebenso wie bei der in / 27 / zugrundegelegten Fläche mit nochmals vereinfachtem Steigungsverlauf wieder bei $\beta_m = \alpha_m/2$.

4.2.11 Klassifizierung der betrachteten Einflußparameter

Die beim fünfachsigen NC-Umfangsfräsen verwundener Regelflächen mit zylindrischen Schaftfräsern entstehenden Unterschneidungen werden durch

beeinflußbare und nicht beeinflußbare Parameter (Bild 4.21) verursacht.
Die nicht beeinflußbaren Parameter maximaler Verwindungswinkel α_m,
Steigungsverlauf m'(y) über dem Regelstrahl der Regelfläche und Regelstrahllänge l liegen durch die Geometrie der zu fräsenden Regelfläche
fest. Während l direkt aus dem Abstand der den Regelstrahl definieren-
den Schnittpunkte mit der Grund- und Scheitelkontur berechnet werden
kann und α_m spätestens nach der numerischen Flächenbeschreibung als
Winkel zwischen den in den Schnittpunkten gültigen Flächennormalen zu
bestimmen ist, müssen für den Steigungsverlauf m'(y) bei unbekanntem
Verlauf Annahmen getroffen werden. Da die berechneten Unterschneidungen für den Steigungsverlauf nach Gleichung (4.34) deutlich geringer
sind als für den Steigungsverlauf nach Gleichung (4.1), wird der Verlauf
der Gleichung (4.1) als ungünstigerer Wert (mit den größeren Formabweichungen) zur näherungsweisen Berechnung der maximal entstehenden
Abweichungen bei analytisch nicht einfach beschreibbaren Regelflächen
angenommen.

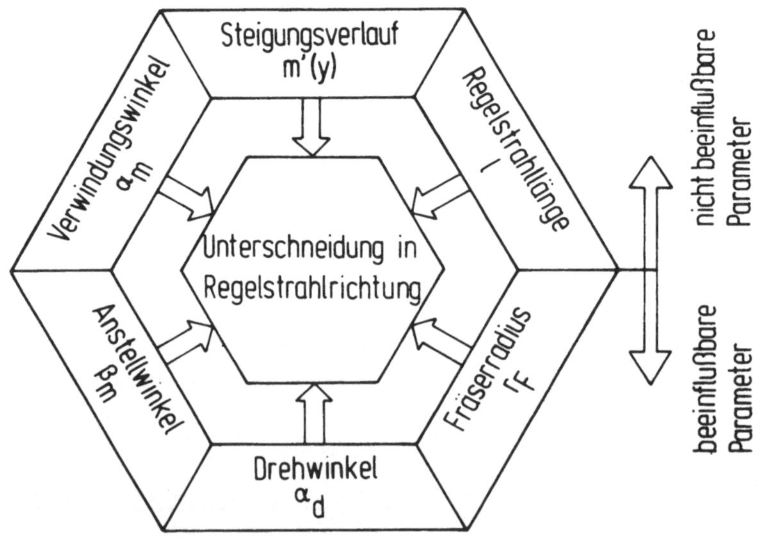

<u>Bild 4.21</u>: Klassifizierung der Einflußparameter auf die Regelstrahl-
unterschneidung

Da von den beeinflußbaren Parametern für α_d und β_m optimale Werte
bestimmt wurden, ist die einzige variable Größe der Fräserradius r_F,
der entsprechend den gestellten Genauigkeitsanforderungen auszuwählen ist, da mit zunehmendem Fräserradius auch die Formabweichungen
größer werden.

4.3 <u>Fräseranstellberechnung für den kegeligen Schaftfräser</u>

Das fünfachsige NC-Umfangsfräsen von Regelflächen ist grundsätzlich
auch mit kegeligen Schaftfräsern möglich. Sollten sich diese Fräser bei
verwundenen Regelflächen ebenfalls einsetzen lassen, könnten insbesondere die technologischen Vorteile bei der Zerspanung (höhere Steifig-
keit des Fräsers) gegenüber dem zylindrischen Schaftfräser ausgenützt
werden. Das wesentliche Einsatzkriterium kegeliger Fräser ist jedoch,
wie beim zylindrischen Schaftfräser, die entstehende Abweichung vom
jeweiligen Regelstrahl.

Die durch den kegeligen Schaftfräser verursachten Unterschneidungen
können auch hier wieder in y=konstant- Ebenen berechnet werden / 28 /.
Allerdings lassen sich die Auswirkungen der verschiedenen Einflußgrös-
sen auf die Unterschneidungen nicht in einer übersichtlichen Unterschnittgleichung zusammenfassen, da insbesondere die in jeder Schnittebene
unterschiedlichen Schnittellipsen-Halbachsen nicht mehr parallel zu den
Koordinatenachsen (z.B. x'z'-Achsen im Bild 4.7) liegen.

Soll an einer Stelle y = **y'** auf dem betrachteten Regelstrahl die Unterschneidung einen vorgegebenen Betrag nicht überschreiten, muß die dazu
erforderliche Fräserspitzenposition und die Fräserachsrichtung in Abhängigkeit vorgegebener Randbedingungen iterativ bestimmt werden.

4.3.1 Mittellagenkorrektur

Bei dieser Korrekturart wird die Fräserlage so korrigiert, daß die entstehenden Unterschneidungen $u(y)$ bei $y = 0$ und $y = 1$ kleiner als ein vorgegebener Grenzwert von z.B. $u = 10^{-4}$ mm werden.

Die Startwerte für die erste Iteration sind der Fräserradius des kegeligen Schaftfräsers bei $y = 0$ und $y = 1$. Mit diesen Startwerten werden die

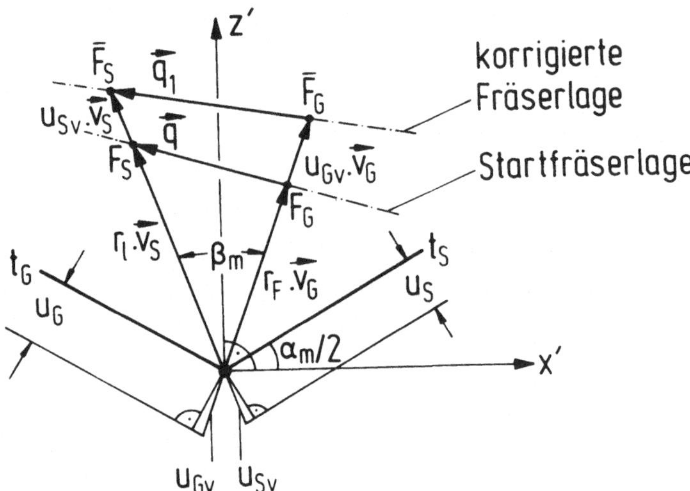

Bild 4.22: Ermittlung der Fräserachse für den kegeligen Schaftfräser

Unterschneidungen im Grund u_G und im Scheitel u_S berechnet und mit dem Grenzwert verglichen. Sind die Unterschneidungen betragsmäßig größer als der Grenzwert, wird die Fräserlage korrigiert. Die sich aus diesem ersten Rechenschritt ergebenden Abweichungen werden nach Bild 4.22 in die Richtungen der Normalenvektoren $\vec{v}_G$, $\vec{v}_S$ projiziert und die Unterschneidungen für die sich damit ergebende neue Fräserlage berechnet. Ist die endgültige Fräserlage ggf. nach weiteren Iterationen erreicht, wird der Verlauf der Unterschneidungen für den gesamten Bereich $0 \leq y \leq 1$ berechnet.

4.3.2 Unterschneidungen durch den kegeligen Schaftfräser

Die Unterschneidungen verwundener Regelflächen durch einen kegeligen
Schaftfräser werden durch die Parameter, die sich schon beim zylindrischen Schaftfräser auswirkten (Bild 4.21) und zusätzlich durch die jeweilige Kegelneigung beeinflußt. Die Angabe $1 : k_n$ bedeutet dabei, daß
sich der Radius des kegeligen Schaftfräsers auf k_n mm Kegellänge um
1 mm ändert.

4.3.2.1 Einfluß der zugrundegelegten Regelfläche

Wird die spezielle Modellregelfläche mit ihrem linearen Steigungsverlauf
nach Gleichung (4.34) mit einem kegeligen Schaftfräser bearbeitet, geht
das beim zylindrischen Schaftfräser zur Regelstrahlmitte etwa achssymmetrische Profil in ein sinusförmiges Profil mit deutlich größeren
Abweichungswerten über.

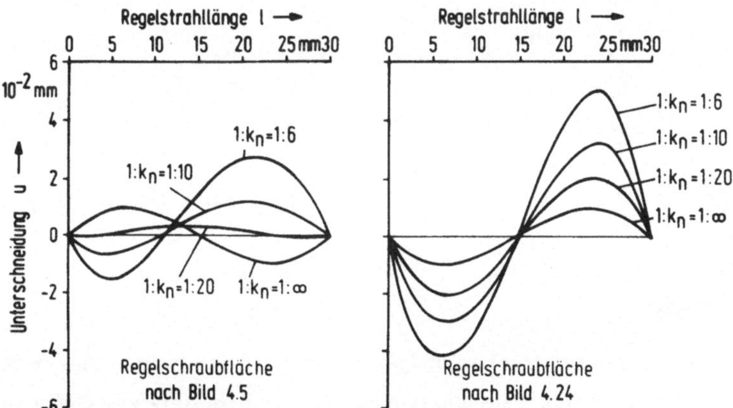

Bild 4.23: Unterschneidungsverlauf als Funktion der Kegelneigung
bei unterschiedlichen Flächen

Die durch den kegeligen Schaftfräser bei der Regelschraubfläche nach
Bild 4.5 entstehenden Unterschneidungen sind im Bild 4.23 links für unterschiedliche Kegelneigungen dargestellt. Die gewünschte Gerade wird

am besten durch das zur Regelstrahlmitte nahezu achssymmetrische Profil des kegeligen Schaftfräsers mit $1 : k_n = 1 : 20$ erreicht. Diese günstigste Kegelneigung ändert sich jedoch bei sich ändernden Parametern α_m, l und r_F.

Soll eine Regelschraubfläche gefräst werden, bei der die Grund- und Scheitelleitlinie aus Bild 4.5 vertauscht sind und bei der die Fräserspitze wieder bei der Grundkontur liegt (Bild 4.24), kehrt sich beim zylindrischen Schaftfräser lediglich der Unterschneidungsverlauf um, während die Formabweichung denselben Wert behält. Beim Einsatz kegeliger Schaftfräser ergeben sich dabei jedoch grundsätzlich andere Verhältnisse.

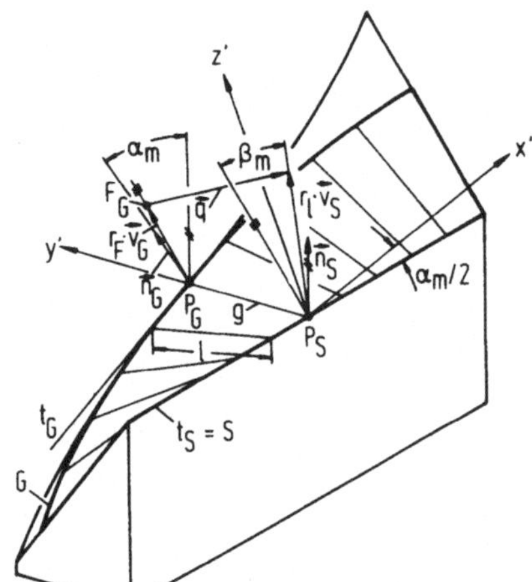

__Bild 4.24__: Regelschraubfläche

Der Verlauf der Unterschneidungen ist mit den Steigungen dieser Fläche für alle untersuchten Kegelneigungen von der Scheitel- zur Grundkontur betrachtet, etwa sinusförmig (Bild 4.23 rechts). Die geringste Formabweichung entsteht bei einer Kegelneigung gegen Null, was einem zylindrischen Schaftfräser entspricht. Obwohl die Tangentensteigungen bei den beiden Flächen lediglich in ihrer Reihenfolge vertauscht sind (Steigung in der Grundkontur der ersten Fläche entspricht Steigung in der Scheitelkontur der anderen Fläche), ergeben sich durch die unterschiedliche Fräserachsrichtungsorientierung in entsprechenden Ebenen verschiedene Schnittellipsen, die dann zu anderen Unterschneidungswerten führen.

Um für die geplante Übertragbarkeit der hergeleiteten Ergebnisse auf analytisch nicht einfach beschreibbare Regelflächen mit unbekanntem Steigungsverlauf nicht einen günstigen Spezialfall auszuwählen, wird den folgenden Untersuchungen eine Fläche entsprechend Bild 4.24 zugrundegelegt.

4.3.2.2 Einfluß weiterer Parameter auf die Unterschneidungen

Bild 4.25 zeigt zunächst den Einfluß der Kegelneigung auf die Formabweichung einer Fläche nach Bild 4.24 für verschiedene Fräserspitzenradien.

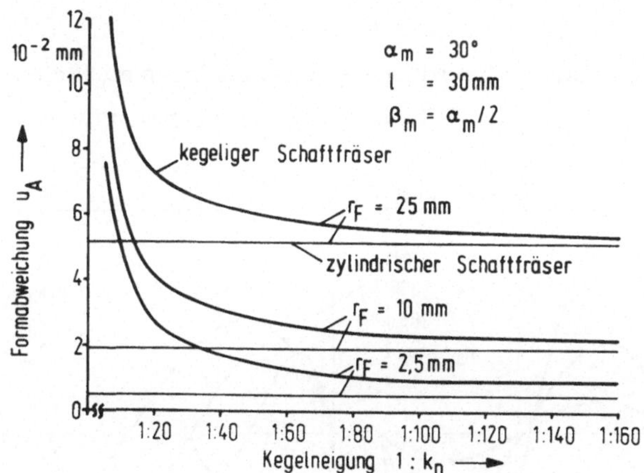

<u>Bild 4.25:</u> Formabweichung als Funktion der Kegelneigung bei unterschiedlichen Fräserradien

Die Kurven wurden für die Stammdatenwerte α_m = 30° und l = 30 mm bei einer Fräseranstellung von β_m = $\alpha_m/2$ ermittelt. Die Abnahme der Formabweichung ist im Kegelneigungsbereich 1 : 6 bis 1 : 20 besonders

ausgeprägt und nähert sich für schlanke Kegel immer mehr den Werten
des zylindrischen Schaftfräsers ($1 : k_n$ gegen Null). Im selben Bild ist
auch der Einfluß des Fräserspitzenradius' ($\hat{=}$ Fräserradius um die Fräserachse im Fräserspitzenpunkt, kleinster Radius des kegeligen Schaftfräsers) erkennbar. Bei größeren Radien nehmen auch die Formabweichungen zu.

Wie schon beim zylindrischen Schaftfräser, ist der Fräseranstellwinkel,
der zur geringsten Formabweichung führt, vom jeweiligen Fräserspitzenradius abhängig. Der Vergleich der Formabweichungen beim optimalen
Anstellwinkel und beim Anstellwinkel $\beta_m = \alpha_m/2$ ergab die für Fräsbearbeitungen zu vernachlässigenden Abweichungsunterschiede von maximal
0,002 mm bei Fräserradien $r_F \leqslant 16$ mm. Der Anstellwinkel $\beta_m = \alpha_m/2$
wird deshalb im folgenden auch als optimaler Anstellwinkel des kegeligen Schaftfräsers bezeichnet.

Bei größeren maximalen Verwindungswinkeln nehmen auch die Formabweichungen zu, wie dies im Bild 4.26 links erkennbar ist und auch beim

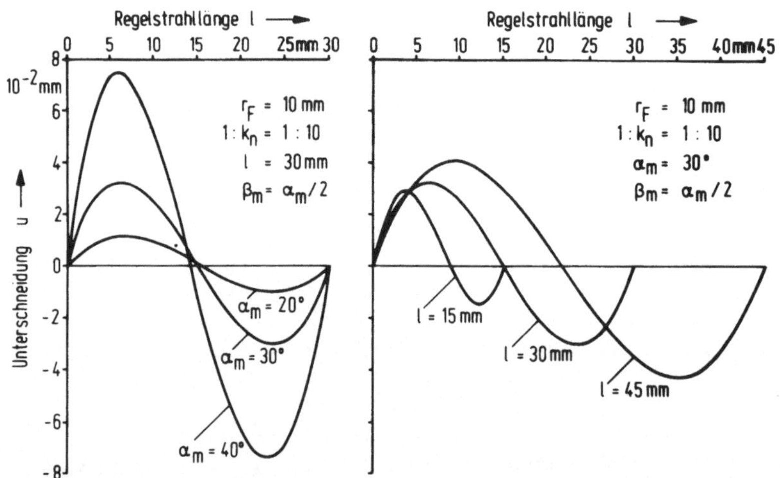

Bild 4.26: Einfluß des maximalen Verwindungswinkels und der Regelstrahllänge beim Einsatz kegeliger Schaftfräser

zylindrischen Schaftfräser der Fall war. Um den Vergleich der Formabweichungen mit denen beim zylindrischen Schaftfräser bei der Regelschraubfläche zu vereinfachen, wird in diesem und den folgenden Bildern der Unterschneidungsverlauf vom Scheitel- zum Grundkonturschnittpunkt des Regelstrahls dargestellt.

Mit zunehmender Regelstrahllänge nehmen beim kegeligen Schaftfräser auch die Formabweichungen zu (Bild 4.26 rechts). Dies ist bei sonst gleichen Daten auf die unterschiedlichen wirksamen Fräserradien in der Scheitelkontur bei unterschiedlichen Regelstrahllängen zurückzuführen.

Im Bild 4.27 ist der gerechnete Verlauf der Unterschneidungen einer mit einem kegeligen Schaftfräser (r_F = 10 mm, 1 : k_n = 1 : 10) zu fräsenden

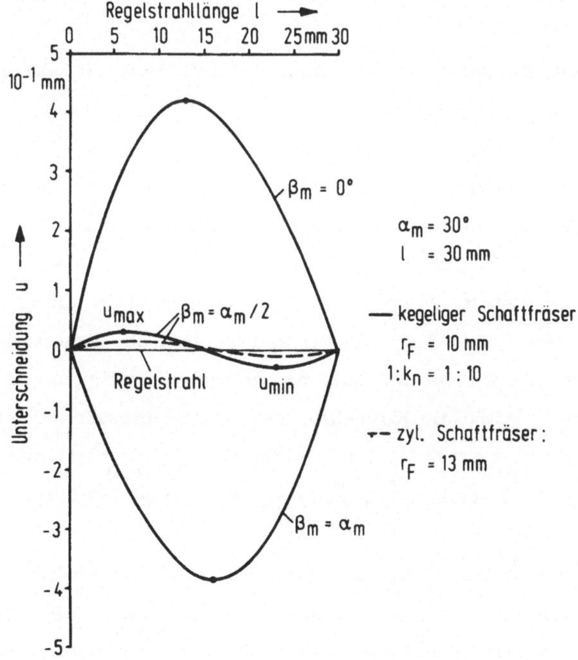

Bild 4.27: Unterschneidungsverlauf bei unterschiedlichen Fräseranstellungen eines kegeligen Schaftfräsers

Regelschraubfläche bei verschiedenen Anstellwinkeln des Fräsers und
als Vergleich dazu die zu erwartenden Abweichungen bei einem zylindrischen Schaftfräser mit $r_F = r_1 = 13$ mm (entspricht dem Radius des
kegeligen Schaftfräsers in der Scheitelkontur bei $1 = 30$ mm) und $\beta_m =
\alpha_m/2$ dargestellt. Dieser Vergleich fällt eindeutig zugunsten des zylin-
drischen Schaftfräsers aus. Die durch die höhere Biegesteifigkeit des
kegeligen Schaftfräsers bedingten technologischen Vorteile werden beim
zylindrischen Schaftfräser durch eine bessere geometrische Genauigkeit
ausgeglichen.

4.3.3 Weitere Ausgleichsarten der Maßabweichung beim kegeligen Schaftfräser

Neben der in Kapitel 4.3.1 beschriebenen Mittellagenkorrektur, bei der
keine Abweichungen bei $y = 0$ und $y = 1$ des betrachteten Regelstrahls auftreten sollen, können jetzt auch noch weitere Ausgleichsarten angewandt
werden.

Ausgehend vom berechneten Profilverlauf der Unterschneidungen nach der
Mittellagenkorrektur werden zwei Vorgehensweisen realisiert. Bei der
Korrekturart "kein Unterschnitt" wird zunächst der Ort y_{min} mit dem
größten Unterschnitt bei der Mittellagenkorrektur in einem Rechenprogramm ermittelt, bei dem alle für den Verlauf der Unterschneidungen
$u(y)$ berechneten Werte auf Extremwerte geprüft werden. Je nach Lage
des Ortes y_{min} wird die Korrektur der Fräserachsrichtung ausschließlich
im Grund $(0 \leq y_{min} < 1/2)$, im Scheitel $(1/2 < y_{min} \leq 1)$ oder gleichmäßig
in Richtung der Vektoren $\vec{v}_G$, $\vec{v}_S$ $(y_{min} = 1/2)$ durchgeführt.

Bild 4.28 zeigt neben den beiden bisher beschriebenen Korrekturarten
beim Kegelfräser auch noch die dritte Art "kein Aufmaß", bei der anstatt
y_{min} y_{max} berechnet und die Fräserachse entsprechend korrigiert wird.

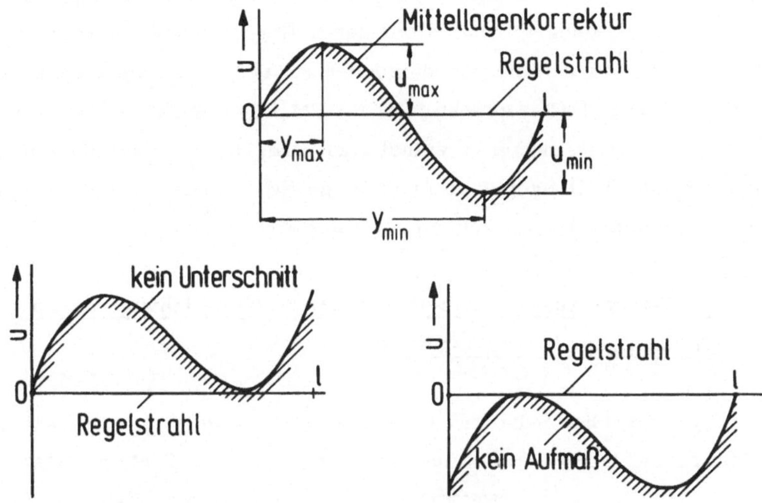

Bild 4.28:   Möglichkeiten des Unterschnittausgleichs

Die hier und in Kapitel 4.3.1 beschriebenen Ausgleichsarten lassen sich auch beim zylindrischen Schaftfräser, der in den Herleitungen des kegeligen Schaftfräsers als Sonderfall enthalten ist, anwenden.

4.4 Realisierung verschiedener Programmiermöglichkeiten in einem NC-Programmiersystem

4.4.1 Integration verschiedener Fräseranstellungen im System

Zur Überprüfung der mathematisch hergeleiteten Abhängigkeiten, die zu den Unterschneidungen der Regelflächen führen, wurden die Fräseranstellungen $ß_m = 0^{\circ}$, $ß_m = \alpha_m/2$ und $ß_m = \alpha_m$ für zylindrische und kegelige Schaftfräser in einem NC-Programmiersystem integriert. Dadurch konnten ausgewählte Beispiele programmiert, gefräst und anschließend vermessen werden.

Da der Aufbau des Systemteils ISWAX5 des NC-Programmiersystems FMILL-ISWAX5 / 21 / bekannt ist und das Flächenbeschreibungssystem FMILL auch zur Beschreibung verwundener Regelflächen geeignet ist (Kapitel 4.1.2), wurden die verschiedenen Fräseranstellungen in diesem System realisiert. Damit können jetzt im FMILL-ISWAX5-Programmiersystem neben der ursprünglich enthaltenen Programmierung fünfachsiger NC-Stirnfräsbearbeitungen auch fünfachsige NC-Umfangsfräsbearbeitungen an verwundenen Regelflächen programmiert werden.

4.4.2 Realisierte Ausgleichsmethoden der Maßabweichungen beim fünfachsigen NC-Umfangsfräsen

Für den zylindrischen Schaftfräser wurde der in Kapitel 4.2.6 beschriebene Unterschnittausgleich für jede Fräserposition im System integriert. Durch die Eingabespracherweiterung ist er über den Modifikator ...NOUND,1... im MULTAX-Statement anzugeben. Der Ausgleich der Maßabweichung beim kegeligen und zylindrischen Schaftfräser nach der in Kapitel 4.3.1 dargestellten Mittellagenkorrektur ist durch ...NOUND, 2... im Teileprogramm festzulegen. Außerdem können für beide Fräsergeometrien die in Kapitel 4.3.3 beschriebenen Ausgleichsarten "kein Unterschnitt" (NOUND,3) und "kein Aufmaß" (NOUND,4) programmiert werden. Für die mit NOUND,3 und 4 definierbaren Ausgleichsarten ist jedoch für jede Fräserposition ein großer Rechenaufwand im Programmsystem notwendig, da zunächst der Verlauf der Unterschneidungen in verschiedenen y=konstant-Ebenen numerisch bestimmt werden muß und daraus das individuelle Aufmaß in jedem Regelstrahl berechnet wird.

4.5 Testfräsbearbeitung an Modellflächen

Zur Überprüfung einzelner Einflußgrößen auf die Regelstrahlunterschneidung einer verwundenen Regelfläche wurde ein quaderförmiges Werkstück mit einer Regelschraubfläche nach Bild 4.5 ausgewählt. Bei einer Quaderdicke von 30 mm konnten auf dieser Fläche Regelstrahlen mit 30 mm

Länge definiert werden. Die maximale Flächenverwindung zwischen den Flächennormalen im Grund- und Scheitelschnittpunkt eines Regelstrahls beträgt 30° und entspricht damit wie die Regelstrahllänge dem entsprechenden Stammdatenwert der Parametervariation aus Kapitel 4.2.

Der hergeleitete Unterschneidungsverlauf ließ sich bei der Bearbeitung mit dünnen Fräsern nicht in allen Fällen eindeutig reproduzieren, was u.a. auch durch die größere Abdrängung dünner Fräser erklärbar ist. Außerdem war eine exakte Messung durch die etwa in derselben Größenordnung wie die Formabweichung liegenden Fräsriefen nicht mehr möglich. Alle Meßergebnisse zeigten jedoch die mit der optimalen Fräseranstellung zu erzielende deutliche Reduzierung der Unterschneidungen.

Bild 4.29 enthält den Vergleich der Meß- und Rechenwerte bei einem Regelstrahl der Regelschraubfläche nach Bild 4.5, die mit einem zylindrischen Schaftfräser (Vierschneider) von 50 mm Durchmesser bei einer Spindeldrehzahl von 630 min^{-1} und einem Vorschubweg von 0,04mm je Zahn bearbeitet wurde. Die Schnittiefe bei der Fertigbearbeitung des Aluminiumwerkstückes betrug ca. 0,5 mm. Alle Meßwerte wurden in Richtung einer mittleren Flächennormalen $\vec{n}_M$ (zwischen $\vec{n}_G$ und $\vec{n}_S$) ermittelt und die Rechenwerte in diese Ebene projiziert.

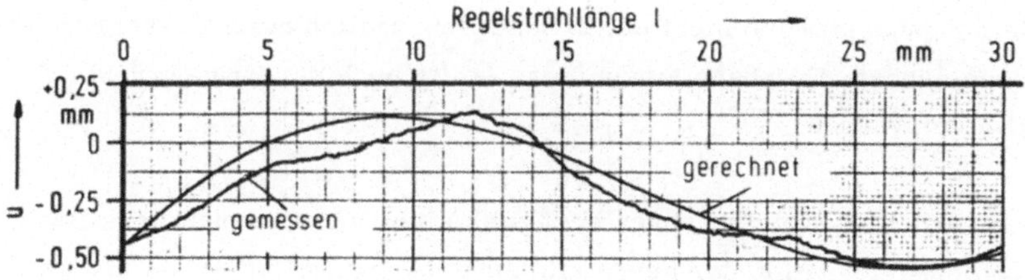

Bild 4.29: Meß- und Rechenwerte an einer mit einem 50 mm-Fräser gefrästen Regelschraubfläche nach Bild 4.5

5 Programmierung komplexer Werkstücke mit Regelflächen

Die fünfachsige NC-Umfangsfräsbearbeitung verwundener Regelflächen
kann nur in seltenen Fällen isoliert betrachtet werden. Vielmehr sind
im allgemeinen die an die Regelflächen angrenzenden oder die benachbarten Flächen so zu berücksichtigen, daß sie entweder ebenfalls mit-
bearbeitet oder zumindest nicht durch den Fräser verletzt werden dürfen. Die erstgenannten Flächen werden im folgenden als Grundflächen,
die anderen als Grenzflächen bezeichnet. Im Bild 2.3 ist ein Werkstück
dargestellt, dessen Grundfläche, bestehend aus Ebene, Vierteltorus und
Zylinder, ebenfalls gefräst werden mußte und bei dem als Grenzfläche
die benachbarte Schaufelfläche bei der Fräsbearbeitung nicht verletzt
werden durfte.

Zur fünfachsigen NC-Fräsbearbeitung solcher Werkstücke sind außer
den Überlegungen zur Grund- oder Grenzflächenkontrolle auch geeignete
Strategien zur Bearbeitung des Zwischenraumes zwischen zwei Regelflächen im Programmiersystem zu integrieren. Wichtigste Forderung
sei jedoch immer die maßhaltige Fräsbearbeitung der Regelflächen, weshalb die Fräserspitzenposition und die Fräserachse aus der Fräseranstellberechnung festliegen und abhängig von der Vorschubrichtung technologisch ungünstige Tauchschnitte entstehen können. Um die durch Überlegungen zur technologisch günstigen Zerspanung möglichen kurzen Be-
arbeitungshauptzeiten nicht durch hohe Nebenzeiten beim Fräserrücklauf
für die nächste Fräsbahn einzubüßen, sollte auch der Fräserrücklauf
optimiert werden.

Da geeignete Fräserführungen bezüglich einer verwundenen Regelfläche
durch die Integration der hergeleiteten Fräseranstellungen im ISWAX5-
Systemteil des FMILL-ISWAX5-Programmiersystems programmiert
werden können und insbesondere die Berücksichtigung verwundener Regelflächen als Grenzflächen in keinem anderen Programmiersystem be-

kannt geworden sind, werden die folgenden Überlegungen unter dem Gesichtspunkt der Erweiterung dieses Systems betrachtet. Die grundsätzlichen Überlegungen sind jedoch allgemeingültig und könnten deshalb auch in anderen Systemen Anwendung finden.

5.1 Beschreibung der Werkstücke

Eine vollständige Werkstückbeschreibung ist in den angewandten NC-Programmiersystemen für die fünfachsige Fräsbearbeitung noch nicht realisiert. Es ist vielmehr üblich, die Werkstücke durch einzelne zu fräsende Flächen zu definieren und bei der Fräserversatzberechnung ggf. Grund- und Grenzflächen zu berücksichtigen.
Bei Werkstücken mit analytisch nicht einfach beschreibbaren Regelflächen werden deshalb diese Flächen punktweise über Grund- und Scheitelpunkte in einem Flächenbeschreibungssystem vorgegeben.

Zur Teileprogrammierung der Fräsbearbeitung im FMILL-ISWAX5-System werden die zu fräsenden Regelflächen punktweise im FMILL-Systemteil definiert und dort entsprechende Berechnungen (vgl. Kapitel 4.1.2) vorgenommen, ehe im ISWAX5-Systemteil die Fräseranstellungen berechnet und dort auch die Grund- und Grenzflächenpunkte eingelesen und verarbeitet werden.

5.2 Fräserversatzberechnung für den zylindrischen Schaftfräser

Bei der Fräserversatzberechnung wird die jeweilige Fräseranstellung bezüglich der zu bearbeitenden verwundenen Regelfläche ermittelt. Die weiteren Programmiereinzelheiten werden erst nachrangig beachtet. Da die im Kapitel 4 durchgeführten Unterschneidungsberechnungen geringere Werte durch den zylindrischen Schaftfräser ergaben, wird im folgenden lediglich dieser Fräser betrachtet.

5.2.1 Kollisionskontrolle beim fünfachsigen NC-Umfangsfräsen

5.2.1.1 Grundflächenbearbeitung

Zur maßhaltigen Fräsbearbeitung verwundener Regelflächen und der angrenzenden Grundflächen wird ein zylindrischer Schaftfräser ohne Eckenradius, mit Eckenradius kleiner als der Fräserradius, oder der Kugelkopffräser genannte Fräser, bei dem der Eckenradius dem Fräserradius entspricht, eingesetzt. Entscheidend soll hier nicht die Ausführung der Fräser z.B. als Umfangsstirn- oder Gesenkfräser / 29 /, sondern die Geometrie der konvexen Hüllfläche sein, wie sie im Bild 5.1 dargestellt ist.

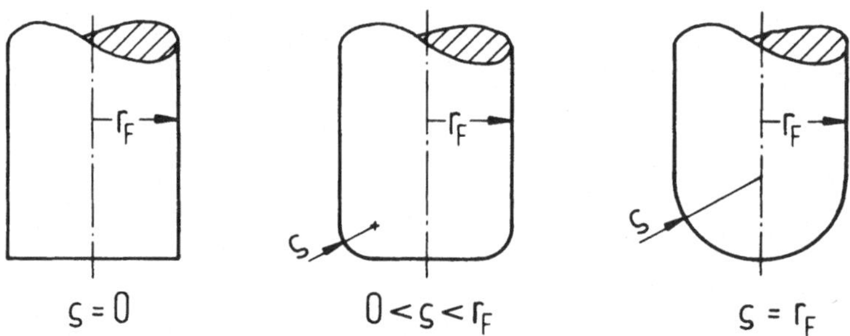

<u>Bild 5.1</u>:   Fräser-Hüllflächengeometrie beim fünfachsigen
NC-Umfangsstirnfräsen

Da Werkstücke, an denen verwundene Regelflächen zu fräsen sind, selten analytisch nicht einfach beschreibbare Grundflächen haben, erfolgt hier lediglich die Berücksichtigung analytisch einfach beschreibbarer Grundflächen. Bild 5.2 zeigt eine Übersicht der dabei vorwiegend auftretenden Grundflächen.

Im Bild 5.3 ist als Beispiel eine auf einer kegeligen Grundfläche konstruierte, verwundene Regelfläche abgebildet. Das Bild läßt für den vereinfachenden Fall, daß der die Regelfläche erzeugende, zylindrische Schaftfräser ohne Eckenradius in den skizzierten Positionen in der Bildebene liegt, die Notwendigkeit der Grundflächenberücksichtigung erkennen. Während in der linken Fräserposition die Regelfläche vollständig bearbeitet werden könnte und dabei die kegelige Grundfläche nicht

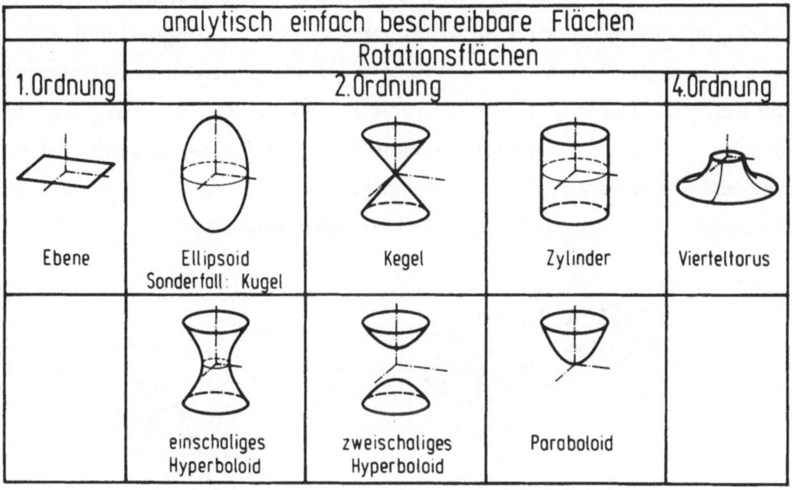

analytisch einfach beschreibbare Flächen				
	Rotationsflächen			
1.Ordnung	2.Ordnung			4.Ordnung
Ebene	Ellipsoid Sonderfall: Kugel	Kegel	Zylinder	Vierteltorus
	einschaliges Hyperboloid	zweischaliges Hyperboloid	Paraboloid	

Bild 5.2: Definierbare Grundflächen im ISWAX5-Systemteil

verletzt würde, müßte der Fräser in der rechten Fräserposition in Achsrichtung aus der gezeichneten Grundfläche um l_b zurückgestellt werden, um sie nicht zu unterschneiden.

Der zylindrische Schaftfräser ohne Eckenradius berührt oder erzeugt die Grundfläche entweder mit seiner Stirnfläche oder der Ringschneide, der Fräser mit Eckenradius anstatt mit der Ringschneide mit dem torusförmigen Eckenradiusbereich. Beim Kugelkopffräser sind dagegen keine Fallunterscheidungen vorzunehmen.

Die Grundflächenberücksichtigung läßt sich über die Lösung folgender Problemstellung realisieren: Wie weit muß der jeweilige Fräser mit der

aus der Fräseranstellberechnung nach Kapitel 4.2 festgelegten Fräserspitzenposition und Fräserachsrichtung in dieser Achsrichtung verscho-
ben werden, damit er die zu erzeugende Grundfläche gerade berührt?
Dabei interessiert nicht der exakte Berührpunkt, sondern lediglich der
im Bild 5.3 ebenfalls skizzierte Verschiebeweg l_b des Fräsers zum
neuen Fräserspitzenpunkt F_G. Bei verwundenen Regelflächen liegen die
Fräserachse des zylindrischen Schaftfräsers und der Regelstrahl z.B.
bei der im Kapitel 4.2.4.5 ermittelten, optimalen Fräseranstellung nicht
in einer Ebene. Die Berechnungen für die drei im Bild 5.1 dargestellten
Fräsergeometrien und die Flächen nach Bild 5.2 führten deshalb auf Po-
lynome und / oder nichtlineare Gleichungssysteme, die mit Methoden der
numerischen Mathematik / 30 / gelöst werden konnten.

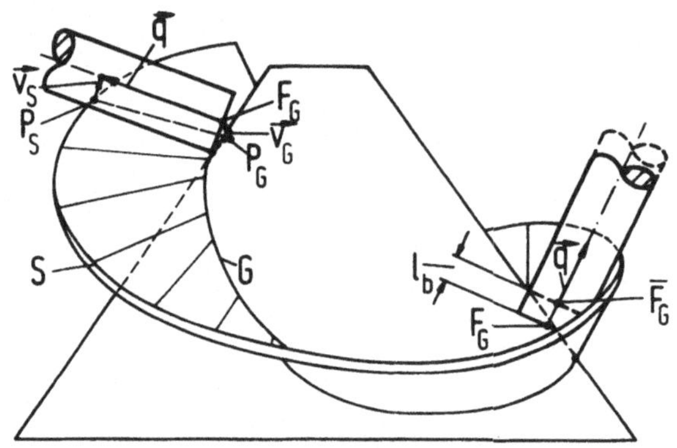

<u>Bild 5.3</u> :   Prinzip der Grundflächenberücksichtigung

Bei der Fräsbearbeitung mit zylindrischen Schaftfräsern ohne Ecken-
radien und relativ großen Durchmessern können durch die aus der Grundflächenberücksichtigung folgenden Fräserspitzenkorrekturen von F_G zu
$\overline{F}_G$ (rechte Fräserposition im Bild 5.3) oft nicht mehr die gesamten Re-
gelflächenbreiten (entsprechend Regelstrahllängen l) gefräst werden. Da
dabei im allgemeinen auch kein definiertes Übergangsprofil zwischen Regelfläche und Grundfläche entsteht, werden zu dieser Bearbeitung vorwiegend Kugelkopffräser mit einem dem Übergangsradius entsprechenden
Fräserradius eingesetzt.

5.2.1.2 Grenzflächenkontrolle

Die zur Programmierung der fünfachsigen NC-Fräsbearbeitung analytisch nicht einfach beschreibbarer Flächen einsetzbaren NC-Programmiersysteme enthalten keine Möglichkeiten der Grenzflächenkontrolle.

Bild 5.4 zeigt als Beispiel die Fräsbearbeitung des Laufrads aus Bild 2.3. Durch große Überdeckungen benachbarter Flächen ist an diesem Rad beim fünfachsigen NC-Umfangsfräsen die Kollisionsgefahr mit der benachbarten Schaufelfläche groß.

<u>Bild 5.4</u>: Fünfachsige Umfangsfräsbearbeitung eines Pumpenlaufrads

Bei einer wirksamen Grenzflächenkontrolle im Programmiersystem wird die Fräserposition bestimmt, die zu einer Verletzung der Grenzfläche führen würde. Die Fräsbearbeitung wird dann eine Position vor dieser beendet und der Fräser kollisionsfrei in axialer Richtung aus dem Werkstück herausgefahren. Die Bearbeitung der zu fräsenden Regelfläche könnte lediglich mit einem dünneren Fräser weiter als zu dieser im Programm berechneten Abbruchstelle erfolgen.

Sind Ebenen oder Flächen zweiter Ordnung als Grenzflächen definiert,
führt die Grenzflächenkontrolle auf die mathematische Lösung der Abstandsberechnung zwischen diesen Flächen und dem Fräser.

Die Kontrolle gegenüber analytisch nicht einfach beschreibbaren, verwundenen Regelflächen, wie sie z.B. auch an dem Laufrad nach Bild 5.4
notwendig ist, kann nur näherungsweise berechnet werden. Da diese
Regelflächen ebenfalls punktweise vorgegeben sind, erfolgt hier die Kollisionsberechnung zwischen der Fräserachse des zylindrischen Schaftfräsers und charakteristischen Geraden der Flächen. Der kürzeste Abstand dieser, im allgemeinen windschief zueinander stehenden, Geraden
muß zunächst größer als der Fräserradius sein. Über die Fußpunkte auf
der Fräserachse und den Prüfgeraden können Spezialfälle und Bereiche
erkannt werden, in denen der berechnete Abstand nicht mehr das entscheidende Kriterium darstellt.

Ein als Segment bezeichneter Ausschnitt aus einer Regelfläche wird für
die Kollisionskontrolle durch zwei Regelstrahlen und die Sehnen zwischen
den entsprechenden Punkten auf der Grund- und Scheitelkontur (s_G, s_S)
begrenzt. In diesem Segment wird bei konkavem Leitlinienverlauf von den
beiden möglichen Diagonalen zunächst diejenige ausgewählt, die sicher
über der definierten Regelfläche liegt. Trifft dies für beide Diagonalen
zu, soll die gesuchte Diagonale den größeren Abstand zur tatsächlichen
Regelfläche besitzen. Im Bild 5.5 ist der ungünstigere Fall, bei dem die
Fräsbearbeitung ggf. zu früh abgebrochen wird, durch die Diagonale d
dargestellt. Der realisierte Ablauf der Grenzflächenberücksichtigung ist
mit Bild 5.5 erklärbar. Nachdem einige Fräserpositionen mit dem nachfolgend beschriebenen Verfahren zu keiner Kollision mit den drei charakteristischen Prüfgeraden des ausgewählten Segments der Prüffläche führten, tritt in der dargestellten Position erstmals Konturverletzung mit der
Diagonalen und der Grundkontur auf (Bild 5.5 links). Da das zunächst gewählte Segment die Regelfläche nur ungenau annähert, wird es jetzt hal-

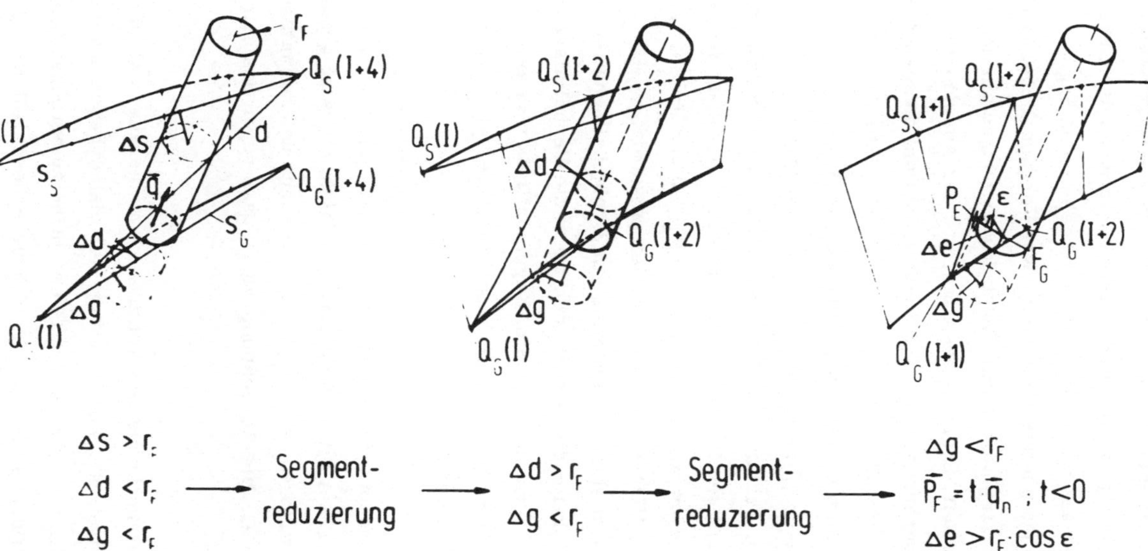

Bild 5.5: Kollisionskontrolle gegenüber verwundenen Regelflächen mit konkavem Leitlinienverlauf

biert und die Kollisionsberechnung bezüglich der neuen Diagonalen und der neuen Grundkontursehne durchgeführt (Bild 5.5 Mitte). Während der Abstand zur Diagonalen jetzt ausreicht, ist er bezüglich der Grundkontursehne wieder kleiner als der Fräserradius, weshalb das Segment nochmals halbiert wird und nun lediglich noch zwei Vorgabe-Regelstrahlen enthält. Aus den Skalarfaktoren der Fußpunktgleichungen auf den Prüfgeraden wird das relevante Segment bestimmt und der Abstand zur neuen Grundkontursehne berechnet (Bild 5.5 rechts). Obwohl dieser Abstand kleiner als der Fräserradius ist, erfolgt noch kein Abbruch der Berechnung, da der Skalarfaktor t der Fußpunktgleichung $\overrightarrow{P_F} = t\,\overrightarrow{q_n}$ negativ ist und deshalb die Fräserspitze F_G über der Grundkontur liegt. Der Vergleich zwischen dem Abstand der Fräserspitze zu der aus Grundkontursehne und Regelstrahl gebildeten Ebene und dem in Richtung des Abstandsvektors projizierten Fräserradius zeigt, daß der Fräser im skizzierten Fall die Regelfläche noch nicht verletzen würde.
Die Kollisionskontrolle der Fräserspitze zur Dreiecksfläche ist für den Schaftfräser ohne Eckenradius exakt und nähert die Verhältnisse beim Schaftfräser mit Eckenradius und beim Kugelkopffräser so an, daß die Bearbeitung eventuell zu früh abgebrochen wird, aber sicher keine Flächenverletzung erfolgt.

Das für die Kollisionskontrolle entwickelte Rechenprogramm erkennt auch, ob sich der Fräser am Anfang durch die Wahl eines zu großen Segments bereits zwischen der ersten Segmentsehne und der tatsächlichen Kontur befindet. Die Berechnung würde dann gegen das halbierte Segment fortgesetzt.

Stellt sich bei der Berechnung des Konturverlaufs heraus, daß die vorliegende Kontur konvex ist, werden einige der bisher beschriebenen Vorgehensweisen modifiziert. Da die als Grenzfläche zu berücksichtigenden verwundenen Regelflächen nicht in einem Flächenbeschreibungssystem definiert werden, sind auch die Flächennormalen oder Tangentialebenen in den Vorgabepunkten nicht bekannt.

Zur näherungsweisen Beschreibung dieser Flächen werden deshalb die
durch zwei unmittelbar folgende Scheitel- bzw. Grundpunkte berechen-
baren Geraden eingesetzt und die Abstände wieder zwischen der Fräserachse und diesen Geraden berechnet. Die Annäherung der Fläche durch
die nächste Konturgerade erfolgt erst, wenn für eine Fräserposition die
zuerst definierte Gerade zu geringen Abstand hat oder der Fußpunkt der
Abstandsgeraden innerhalb der beiden Punkte liegt, die zur Geradende-
finition herangezogen wurden.

Im Bild 5.6 ist eine Fräserposition dargestellt, die ausreichenden Abstand zur ersten Grundgeraden hat, die erste Scheitelgerade jedoch verletzt. Da der Abstand zur nächsten Scheitelgeraden wieder ausreicht und
der Fußpunkt außerhalb der Strecke $\overline{Q_S(I{+}1), Q_S(I{+}2)}$ liegt, kann die spä-
tere Fräsbearbeitung über diese Position hinaus erfolgen.

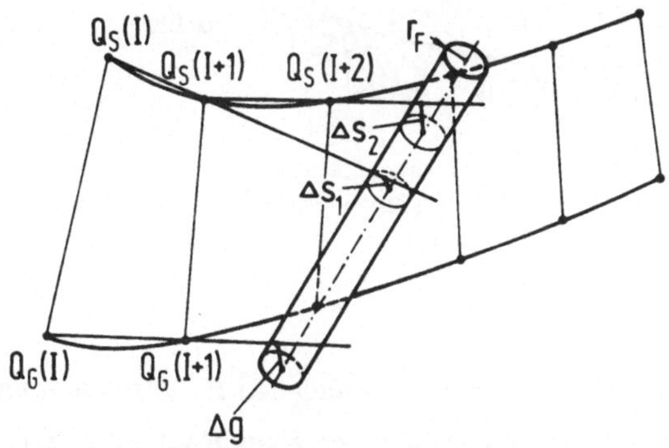

<u>Bild 5.6</u>: Kollisionskontrolle gegenüber verwundenen Regelflächen
mit konvexem Leitlinienverlauf

In ungünstigen Fällen besteht die Gefahr, daß trotz ausreichenden Ab-
standes zwischen Fräser und einer Grund- bzw. Scheitelgeraden die Regelfläche dazwischen noch verletzt wird. Ein solcher Fall ist im Bild 5.7
dargestellt. Die Kollisionskontrolle wird dann noch gegen die Gerade
durchgeführt, die aus dem Schnitt der Ebenen aus dem jeweiligen Regel-

strahl und den Konturgeraden des davor und dahinter liegenden Segments gebildet wird. Die ungünstigere Schnittgerade ist abhängig von der aktuellen Konturkrümmung im betrachteten Bereich. Im Bild 5.7 hat die Scheitelkontur die stärkere Krümmung, die Ebenen werden deshalb mit den Scheitelgeraden gebildet. Der Abstand der Fräserachse zu dieser Schnittgeraden g_S ist größer als der Fräserradius, die Bearbeitung müßte hier nicht abgebrochen werden.

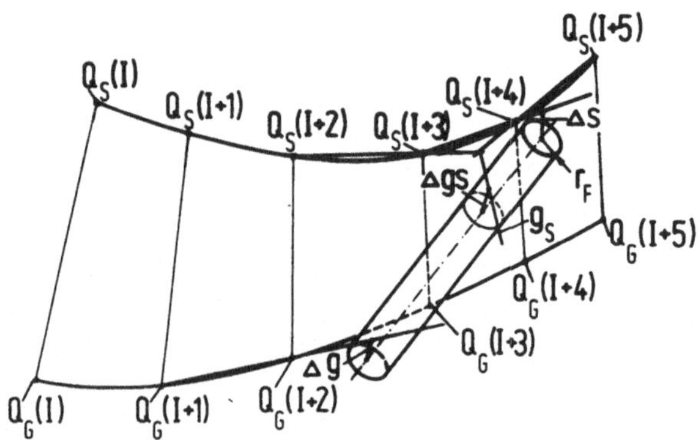

<u>Bild 5.7</u>: Kollisionskontrolle gegenüber einer Schnittgeraden g_S

5.2.2 <u>Zwischenraumbearbeitung</u>

An Werkstücken mit mehreren verwundenen Regelflächen könnte der Fräser außer zur Fräsbearbeitung der Regelflächen selbst mit beliebiger Fräserachsrichtung zur technologisch und geometrisch optimalen Fräsbearbeitung des zu zerspanenden Zwischenraumes geführt werden. Diese optimale Fräserführung ist jedoch insbesondere bei Werkstücken mit sich stark überdeckenden Regelflächen wegen der Kollision des Fräserschaftes mit den beiden, den Zwischenraum begrenzenden Regelflächen kaum realisierbar.

Hier wird eine Strategie vorgestellt, die zusammen mit der Grenzflächenkontrolle nach Kapitel 5.2.1.2 die Zerspanung der Zwischenräume ermöglicht.

Dazu werden Fräsbahnen programmiert, die unterschiedliches Aufmaß Δh auf einer definierten Regelfläche in der in Kapitel 5.1.3 beschriebenen Richtung besitzen. Die Bahnen werden abwechselnd zu den beiden den Zwischenraum begrenzenden Regelflächen gefräst, um möglichst große Bearbeitungswege zu erhalten.

Abhängig von der Geometrie des zu fräsenden Werkstückes ist es möglich, daß durch diesen Bearbeitungszyklus trotzdem nicht das gesamte Zwischenraummaterial zerspant werden kann. Ein solcher Fall ist im Bild 5.8 links stark vereinfacht in der Ebene dargestellt. Da die beiden Regelflächen am Scheitel geringeren Abstand als am Grund haben, bleibt in Grundnähe noch Material stehen, nachdem die Fräsbearbeitung wegen der Kollisionsgefahr mit der Scheitelkontur abgebrochen wurde.

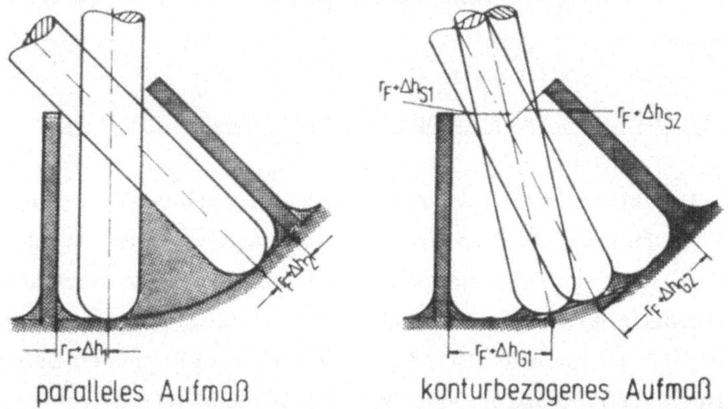

Bild 5.8:   Konturbezogenes Aufmaß bei der Zwischenraumbearbeitung

Für solche Anwendungen erweist sich ein auf die Kontur bezogenes Aufmaß als zweckmäßig. So kann im skizzierten Beispiel die Bearbeitung mit einer Fräsbahn, die unterschiedliches Aufmaß auf der Grund- und Scheitelkontur enthält, ohne Kollision mit der jeweils benachbarten Regelfläche fortgesetzt werden. Durch die Grundflächenberücksichtigung wird der Fräser in den einzelnen Fräserpositionen auch noch in seiner Achsrichtung bis zum Berührpunkt mit der Grundfläche beeinflußt.

Soll z.B. der gesamte Raum zwischen zwei verwundenen Regelflächen
mit einem auf der Grundfläche ununterbrochenen Fräsrillenprofil er-
stellt werden, ist über folgenden Algorithmus eine automatische Fräs-
bahnberechnung realisierbar: Zunächst wird die Fräseranstellung für die
erste Fräsbahn ermittelt und dabei mit der im Kapitel 5.2.1.2 beschriebenen Grenzflächenkontrolle die Abstände zur Grund- und Scheitelkontur
der Grenzfläche berechnet. Die konkave Grenzfläche wird dabei in Seg-
mente gegliedert, die lediglich zwei Vorgabe-Regelstrahlen enthalten.
Abhängig vom maximalen Abstand und der gewünschten Fräsrillentiefe
auf der Grundfläche ist daraus die Anzahl der notwendigen Fräsbahnen
zu bestimmen. Aus dieser Anzahl und dem jeweiligen Abstand wird dann
das in jeder Position zuzustellende Aufmaß ermittelt. Da die Abstände
am Grund und am Scheitel berechnet werden, ergibt sich daraus auch eine lineare Änderung der Fräserachsrichtung zwischen den einzelnen
Fräsbahnen.

5.2.3 Voreilwinkelrealisierung zur Grundflächenbearbeitung

Bei der Fräsbearbeitung verwundener Regelflächen sowie der in Kapitel
5.2.2 beschriebenen Zwischenraumbearbeitung, entstehen durch die aus
der Fräseranstellberechnung (Kapitel 4.2) ermittelten Achsrichtungs-
orientierungen bei vorgegebenen Vorschubrichtungen häufig technologisch
ungünstige Tauchschnitte. Bild 5.9 zeigt an einem einfachen Beispiel die
dabei entstehende Kraftkomponente in Fräserachsrichtung zur Einspan-
nung hin, durch die am Werkzeug ein Spänestau entsteht, der zum vorzei-
tigen Fräserbruch führen kann / 2 /. Da die Umfangsgeschwindigkeit des
rotierenden Fräsers am Durchstoßpunkt der Fräserachse mit dem konvexen Hüllkörper des Fräsers Null ist, entstehen dabei auch geometrische Abweichungen durch Abdrängung. Diese Unzulänglichkeiten können
beim Fräsen mit einem definierten Voreilwinkel vermieden und darüber
hinaus höhere Vorschubgeschwindigkeiten programmiert und gefahren
werden. In unmittelbarer Nähe verwundener Regelflächen muß jedoch zur

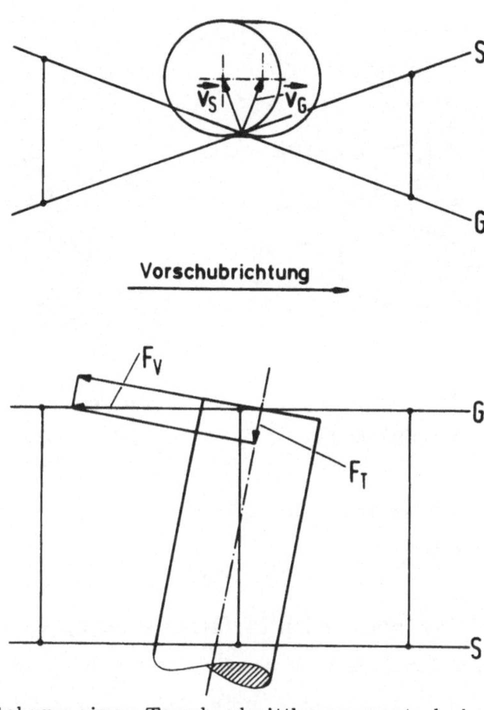

Bild 5.9: Entstehung einer Tauchschnittkomponente beim fünfachsigen Umfangsstirnfräsen

Berechnung der neuen Fräserachse $\vec{q_\varphi}$ auch der Verlauf der Scheitelkontur berücksichtigt werden, da diese sonst eventuell unterschnitten wird.

Bild 5.10 zeigt links diese Voreilwinkelrealisierung in der von der Ausgangsfräserachse $\vec{q}$ und dem Cutvector $\vec{c}$ zwischen zwei Positionen aufgespannten Ebene und die dabei entstehende Konturverletzung am Scheitel. Bei der Berücksichtigung der Scheitelkontur (Bild 5.10 rechts) schneidet die neue Fräserachse den Verbindungsvektor $\vec{c_S}$, der zwei Punkte auf den Scheitelnormalen im Abstand des Fräserradius' verbindet und damit dem Cutvector am Grund entspricht.

Da dieser Vektor $\vec{c_S}$ die Kontur im allgemeinen jedoch lediglich annähert und Bearbeitungen an Flächen denkbar sind, die, wie im Bild 5.11 darge-

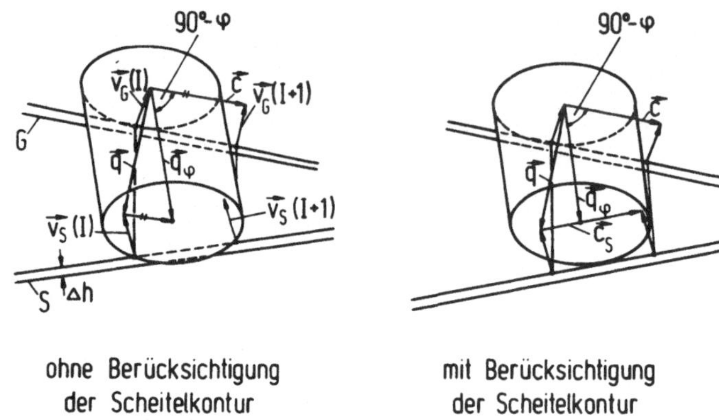

Bild 5.10: Voreilwinkelrealisierung ohne und mit Berücksichtigung der Scheitelkontur

stellt, eine Kontur ebenfalls noch verletzen können, wird bei der Realisierung eines Voreilwinkels eine Abstandsberechnung zwischen Fräser und zu fräsender Regelfläche notwendig. Wie schon bei der Grenzflächenkontrolle, erfolgt diese zwischen Fräserachse und charakteristischen Geraden der zu fräsenden Regelfläche. Abhängig vom konkaven oder konvexen Verlauf der jeweiligen Kontur, werden dazu die Sehnen zwischen zwei Konturpunkten oder die Tangenten in den Konturpunkten, die hier aus den z.B. in FMILL berechneten Flächennormalen zu errechnen sind, verwendet. Ist der Abstand zwischen der Fräserachse und der gültigen Prüfgeraden kleiner als der Fräserradius, wird ein Aufmaß, das dieser

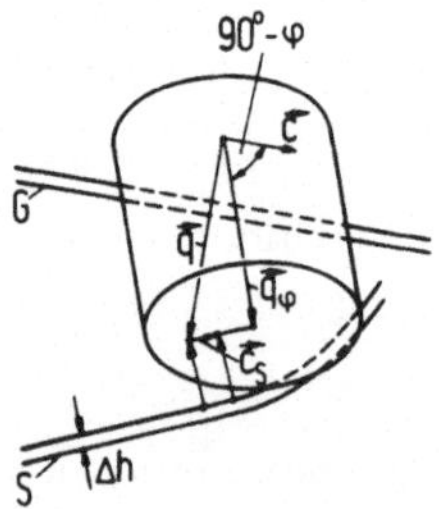

Bild 5.11:

Notwendigkeit der Unterschnittkontrolle bei realisiertem Voreilwinkel

Differenz entspricht, auf der jeweiligen Kontur realisiert. Dabei erzeugt die ermittelte Fräsbahn nicht mehr die zuvor definierte Fläche und auch der Voreilwinkel ändert sich in kleinen Grenzen. Der Vorteil dieser Methode ist jedoch, daß bis in unmittelbare Nähe einer verwundenen Regelfläche technologisch günstig und ohne Unterschneidungen zerspant werden kann. Die Konturprüfmethode ist wahlweise auf die definierte Regelfläche oder auf eine mit einem Aufmaß auf dieser Fläche versehenen Fläche anzuwenden, so daß sie für Zwischenraumzerspanungen und für die Zerspanung einer Fläche mit Δh über der definierten Fläche einsetzbar ist. In keinem Fall entstehen dabei jedoch definierte Regelflächen, doch kann die Vorbearbeitung bis dicht an diese Flächen mit realisiertem Voreilwinkel technologisch günstig erfolgen.

5.2.4 Rohteilabhängige Fräserrücklaufbewegung beim fünfachsigen NC-Umfangsfräsen

Bei der Vorbearbeitung von Regelflächen in mehreren Schnittiefen, der Fräsbearbeitung mehrerer Regelflächen eines Werkstückes oder der Zwischenraumbearbeitung durch mehrere Fräsbahnen bis zur benachbarten Grenzfläche wird der Fräser nach der Bearbeitung in die Ausgangsstellung oder in die Startposition der folgenden Fräsbahn zurückgeführt.

Die Rücklaufbewegungen sollten wenig Rechenaufwand bei der Verarbeitung im Rechner benötigen, schnell sein und vor allem ohne Kollision mit dem Werkstück bleiben.

Im Programmiersystem FMILL-ISWAX5 sind unterschiedliche Fräserrücklaufmethoden realisiert (Bild 5.12), die jedoch beim Umfangsfräsen von Regelflächen und insbesondere auch bei rotationssymmetrischen Werkstücken mit verwundenen Regelflächen nachteilig sind. Der hier beschriebene Fräserrücklauf erscheint beim Umfangsfräsen geeigneter.

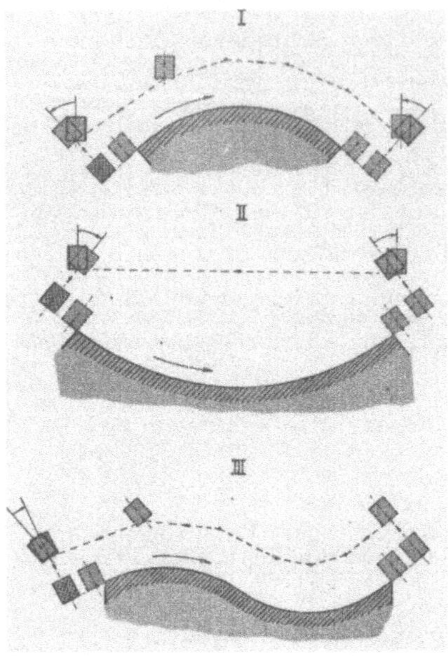

Bild 5.12:

Fräserrücklaufarten im
ISWAX5-Systemteil beim
fünfachsigen Stirnfräsen
/ 21 /

Ursprünglich für rotationssymmetrische Werkstücke konzipiert, kann
er auch bei anderen Werkstücken wie etwa bei flachen quaderförmigen
Werkstücken angewandt werden.

Es wird jeweils ein das Werkstück umschreibender Zylinder, der die
größten Abmessungen des Werkstückes besitzt oder auch Spannelemente
enthalten kann und so ein fiktives Gebilde darstellt, über den Radius r_R
und die Höhe z_R programmiert.

Der Fräserrücklauf erfolgt außerhalb dieses Zylinders auf möglichst
kurzen Wegen bei hoher (Eilgang-) Geschwindigkeit. Durch maximal
drei Zwischenpunkte P_1, P_2 und P_3 zwischen dem Endpunkt der Bearbeitung und dem Startpunkt der folgenden Fräsbahn ist der Rechenaufwand
gering. Dabei wird jeweils davon ausgegangen, daß der Fräser nach
beendeter Fräsbearbeitung und eventuellem tangentialen Überlauf in
axialer Richtung aus der letzten Fräserposition, die als Anfangspunkt

P_A des Rücklaufs zu betrachten ist, zurückgezogen wird und daß vor der Bearbeitung zuerst axial bis auf volle Zustelltiefe zum Endpunkt des Rücklaufs P_E abgesenkt und dann tangential in die erste neue Fräserposition am Werkstück eingefahren wird (Bild 5.13).

Als mögliche Zwischenpunkte lassen sich zunächst die beiden Durchstoßpunkte der jeweiligen Fräserachse $\vec{q}_A$ (oder $\vec{q}_E$) mit der Sicherheitsebene in der Höhe z_R und mit dem Rohteilzylindermantel berechnen, von denen dann der Punkt mit dem kürzeren Abstand zum Anfangspunkt P_A (bzw. Endpunkt P_E) als Punkt P_1 (bzw. P_3) weiter zu verwenden ist.

Ergeben sich dabei P_1 und P_3 auf der Sicherheitsebene, erfolgt die Fräserpositionierbewegung - wie im Bild 5.13 a dargestellt - ausschließlich zwischen P_1 und $P_2 = P_3$.

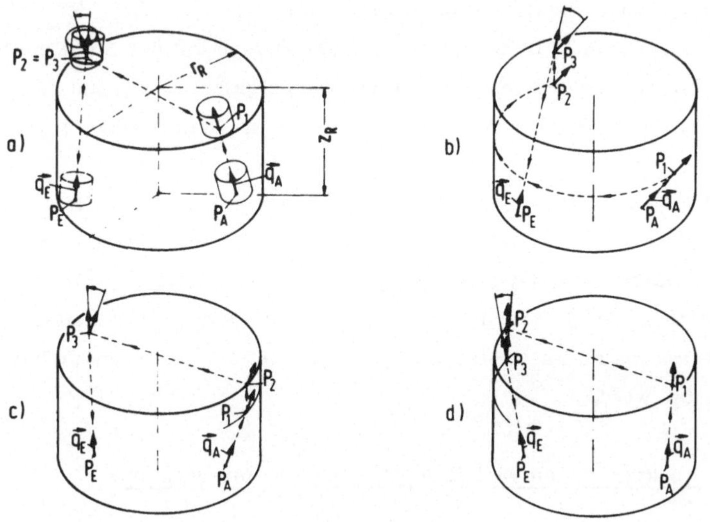

Bild 5.13: Rohteilabhängiger Fräserrücklauf beim fünffachsigen Umfangsfräsen

Sind beide Punkte P_1 und P_3 auf dem Zylindermantel, wird zunächst ein Punkt P_2 parallel zur Mantellinie des Rohteilzylinders unter oder über

P_3 ermittelt. Der Rücklaufweg setzt sich dann aus einer Kreisbahn mit Radius r_R von P_1 nach P_2 und einer Geraden von P_2 nach P_3 gemäß Bild 5.13 b zusammen.

Um die Kreisbewegung durch die rotatorische Achse (als Beispiel die C'-Achse bei der Fünfachsen-Fräsmaschine des ISW) zu erzwingen, wird im Punkt P_2 zunächst eine dazu notwendige theoretische Fräserachsrichtung in der entsprechenden xy-Ebene berechnet. Durch eine Toleranzvergrößerung auf das maximal mögliche Maß r_R des Rohteilzylinderradius', müssen keine Zwischenpunkte im Postprocessor mehr interpoliert werden. Die Rücklaufbewegung setzt sich aus einer reinen Drehtischbewegung und der anschließenden Bewegung des Werkzeugs in P_2 in die notwendige Fräserachsrichtung für den Endpunkt P_E zusammen.

Der Bewegungsablauf vereinfacht sich wieder, wenn einer der Punkte P_1 oder P_3 auf dem Zylindermantel und der andere auf der Sicherheitsebene liegt, da dann zwei lineare Positionierwege gefahren werden können. Im Bild 5.13 c ist P_1, im Bild 5.13 d P_3 auf dem Zylindermantel skizziert.

Soll die Rücklaufbewegung bei flachen, quaderförmigen Teilen ausschließlich auf der Sicherheitsebene z_R erfolgen, wird ein unverhältnismäßig großer Rohteilzylinderradius r_R programmiert, damit der maßgebende Schnittpunkt der Fräserachse jeweils auf der Sicherheitsebene liegt und so die im ersten Fall (Bild 5.13 a) angegebene Fräserrücklaufbewegung ausgelöst wird.

5.3 Struktur des entwickelten NC-Programmiersystems

Das für die Teileprogrammierung solcher komplexer Werkstücke ausgelegte Programmiersystem FMILL-ISWAX5 enthält die hier beschriebenen Programmiermöglichkeiten. Es ist auf Großrechenanlagen lauffähig. Durch den hohen Speicherplatzbedarf allein des Flächenbeschreibungssystemteils FMILL empfiehlt sich eine Segmentierung des gesamten Systems.

Für die Rechenanlage CDC 6600/CYBER 174, auf welcher der ISWAX5-Systemteil entwickelt wurde, wird auf Benutzerebene u.a. die Overlay-Segmentierung angeboten / 31 /. Dabei sind vom Benutzer die FORTRAN-IV-Programme in logische und syntaktische Einheiten zu gliedern. Ein oder mehrere solcher Einheiten (Programme und Unterprogramme) werden dann zu einem Overlay nullter Stufe (Main Overlay) und einem oder mehreren Overlays erster (Primary Overlays) und zweiter Stufe (Secondary Overlays) zusammengefaßt. Der Main Overlay steht bei der Programmausführung ständig im Arbeitsspeicher der Rechenanlage. Aus ihm können sequentiell Primary Overlays und aus diesen wiederum sequentiell Secondary Overlays gerufen werden. So kann Speicherplatz, allerdings auf Kosten von Rechenzeit, gespart werden.

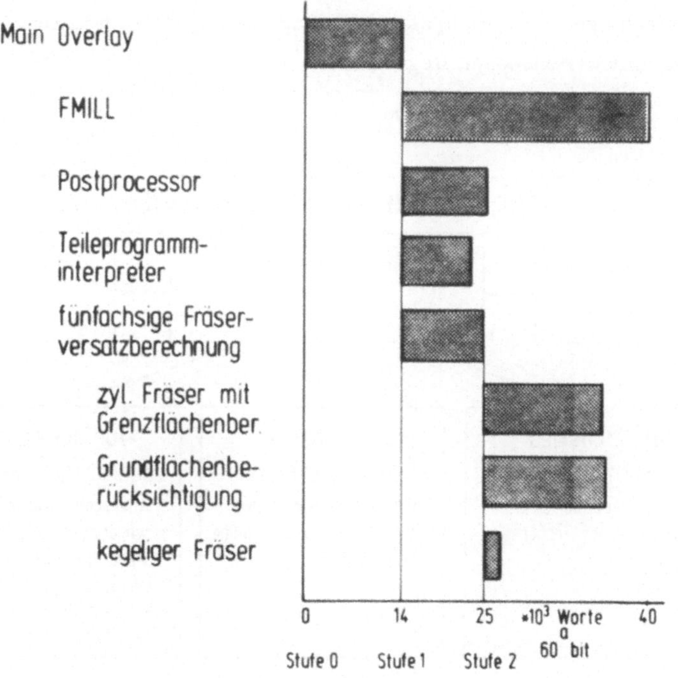

Bild 5.14:   Struktur des FMILL-ISWAX5-Programmiersystems

Das FMILL-ISWAX5-Programmiersystem gliedert sich damit in die im Bild 5.14 dargestellte Struktur. Die Eingabesprache des Systems entspricht im Aufbau der APT-Eingabesprache, wobei jedoch lediglich Hauptwörter durch Schrägstrich von Modifikatoren getrennt auftreten können / 21 /.

Die Ausgabeform des Systems entspricht dem APT-CLDATA. Deshalb kann, wie im Bild 5.14 dargestellt, auch der Postprocessor direkt aufgerufen werden, um den erforderlichen Steuerlochstreifen zu erstellen.

Das System enthält jetzt neben den ursprünglich entwickelten Funktionen für das fünfachsige NC-Stirnfräsen auch die Möglichkeit, fünfachsige NC-Umfangsfräsbearbeitung verwundener Regelflächen sowie die fünfachsige NC-Umfangsstirnfräsbearbeitung an komplexen Werkstücken mit verwundenen Regelflächen programmieren zu können (Bild 5.15).

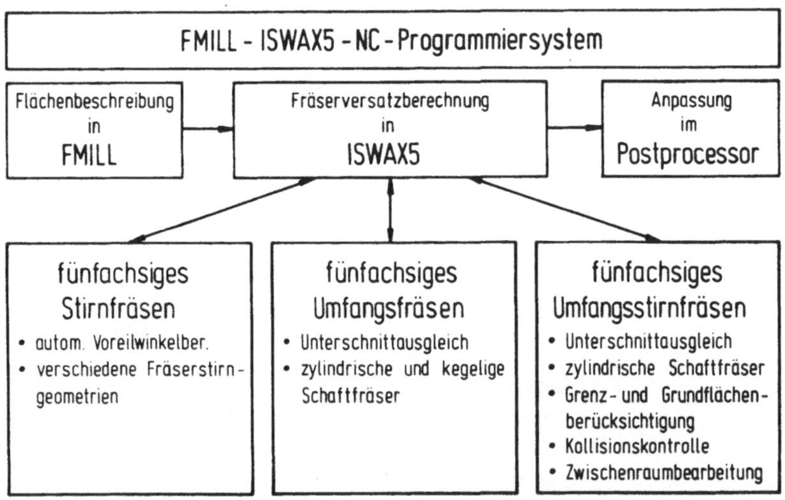

Bild 5.15: Funktionen des FMILL-ISWAX5-Programmiersystems

6 Zusammenfassung

Für das fünfachsige NC-Umfangsfräsen verwundener Regelflächen existieren bislang keine Programmiersysteme, die den an diese Bearbeitungen zu stellenden Anforderungen bezüglich einer selbsttätigen Minimierung der entstehenden Form- und Maßabweichungen gerecht werden und in denen darüber hinaus auch Kollisionskontrollen zu Grund- und Grenzflächen möglich sind.

Ausgehend von der Definition der Regelflächen wurden deshalb in dieser Arbeit zunächst die wesentlichen Eigenschaften solcher verwundener Regelflächen zusammengestellt und nach einer Zusammenfassung der bisherigen Entwicklungen beim fünfachsigen NC-Fräsen, insbesondere das fünfachsige NC-Umfangsfräsen und dessen Einsatzmöglichkeiten bei der Bearbeitung verwundener Regelflächen dargestellt.

Die bei der Programmierung analytisch nicht einfach beschreibbarer Regelflächen zunächst erforderliche numerische Flächenbeschreibung ist in interpolierenden Systemen möglich, bei denen zusätzlich durch zwei Vorgabepunkte eine Gerade (d. h. ein Regelstrahl) definiert wird. Ein Beispiel eines solchen interpolierenden Flächenbeschreibungssystems wurde bezüglich seiner Eignung für verwundene Regelflächen vorgestellt.

Einen Schwerpunkt der durchgeführten Untersuchungen bildete die Herleitung einer Fräseranstellung, die abhängig von den geometrischen Randbedingungen der vorliegenden Fläche zu geringen Form- und Maßabweichungen führt. Dazu wurde zunächst für eine mit einem zylindrischen Schaftfräser zu fräsende, mathematisch beschreibbare Modellfläche eine als Unterschnittgleichung bezeichnete, formelmäßige Abhängigkeit zwischen der Unterschneidung der Regelfläche im jeweils betrachteten Regelstrahl und verschiedenen Einflußgrößen abgeleitet. Durch Variation dieser Parameter konnte ihre Auswirkung auf das zu erwartende Fräsergebnis ohne zusätzliche technologische und meßtechnische Fehlereinflüsse verdeutlicht werden.

Die entstehende Maßabweichung läßt sich durch ein einfach zu berechnendes Aufmaß in jeder Fräserposition nahezu ausgleichen, doch bleibt trotz der abgeleiteten optimalen Fräseranstellung eine Formabweichung vom Regelstrahl bestehen. Diese Formabweichung vergrößert sich nahezu linear mit größer werdendem Fräserradius, der in der Phase der Teileprogrammierung die einzig mögliche Variable der ermittelten Einflußgrößen ist. Vorgegebene Toleranzen können deshalb häufig lediglich mit entsprechend dünnen Fräsern eingehalten werden, wobei bei sehr kleinen Fräserradien die Abdrängung die theoretischen Unterschneidungswerte wieder vergrößert.

Beim Einsatz kegeliger Schaftfräser kommt mit der Kegelneigung eine weitere Einflußgröße hinzu, die im allgemeinen zu größeren Formabweichungen als beim zylindrischen Schaftfräser führt.

Die hergeleitete, optimale Fräseranstellung wurde zusammen mit den realisierten Strategien zum Ausgleich der Maßabweichung in einem NC-Programmiersystem integriert.

Der zweite Schwerpunkt dieser Arbeit enthält die Untersuchungen zur Programmierung komplexer Werkstücke mit verwundenen Regelflächen. Dabei wurden für den zylindrischen Schaftfräser Überlegungen zur Grundflächenbearbeitung und eine Strategie zur Kollisionskontrolle gegenüber verwundenen Regelflächen als Grenzflächen erläutert. Die Grundflächenberücksichtigung wurde über eine Berührpunktberechnung zwischen der Fräserstirngeometrie und den zu bearbeitenden Grundflächen gelöst. Die Grenzflächenberechnungen konnten auf eine Abstandsberechnung zwischen der Fräserachse und charakteristischen Geraden der als Grenzflächen zu berücksichtigenden verwundenen Regelflächen zurückgeführt werden.

Um die technologischen Vorteile des fünfachsigen Fräsens bei der Bearbeitung der Räume zwischen mehreren verwundenen Regelflächen einsetzen zu können, wurde eine Ausräumstrategie sowie die Realisierung eines definierten Voreilwinkels unter Berücksichtigung verwundener Regelflächen zur Vermeidung von Tauchschnitten bei dieser Bearbeitung vorgestellt.

Die beschriebene, kollisionsfreie Rückführung des Fräsers in eine definierte Ausgangsstellung ließ sich durch die Einführung eines, das Werkstück umschreibenden, Rohteilzylinders lösen.

Die entwickelten Systemkomponenten wurden zunächst allgemeingültig hergeleitet und sind damit in verschiedenen Systemen zu realisieren. Durch die Integration der Komponenten in ein spezielles NC-Programmiersystem ist darin jetzt die maßhaltige Fräsbearbeitung von Werkstücken mit verwundenen Regelflächen programmierbar.

Berichte aus dem Institut für Steuerungstechnik der Werkzeugmaschinen und Fertigungseinrichtungen der Universität Stuttgart

Herausgegeben von Prof. Dr.-Ing. G. Stute

Erschienen:

ISW 1: D. Schmid, Numerische Bahnsteuerung, 89 S., 1972

ISW 2: H. Schwegler, Fräsbearbeitung gekrümmter Flächen, 111 S., 1972

ISW 3: J. Eisinger, Numerisch gesteuerte Mehrachsenfräsmaschinen, 90 S., 1972

ISW 4: R. Nann, Rechnersteuerung von Fertigungseinrichtungen, 125 S., 1972

ISW 5: G. Augsten, Zweiachsige Nachformeinrichtungen, 140 S., 1972

ISW 6: B. Karl, Die Automatisierung der Fertigungsvorbereitung durch NC-Programmierung, 121 S., 1972

ISW 7: H. Eitel, NC-Programmiersystem, 117 S., 1973

ISW 8: E. Knorr, Numerische Bahnsteuerung zur Erzeugung von Raumkurven auf rotationssymmetrischen Körpern, 131 S., 1973

ISW 9: S. Bumiller, Viskohydraulischer Vorschubantrieb, 123 S., 1974

ISW 10: K. Maier, Grenzregelung an Werkzeugmaschinen, 139 S., 1974

ISW 11: J. Waelkens, NC-Programmierung, 159 S., 1974

ISW 12: E. Bauer, Rechnerdirektsteuerung von Fertigungseinrichtungen, 138 S., 1975

IWS 13: H. König, Entwurf und Strukturtheorie von Steuerungen für Fertigungseinrichtungen, 206 S., 1976

ISW 14: H. Damson, Fünfachsiges NC-Fräsen, 143 S., 1976

ISW 15: H. Jetter, Programmierbare Steuerungen, 141 S., 1976

ISW 16: H. Henning, Fünfachsiges NC-Fräsen gekrümmter Flächen, 179 S., 1976

ISW 17: K. Boelke, Analyse und Beurteilung von Lagesteuerungen für numerisch gesteuerte Werkzeugmaschinen, 106 S., 1977

ISW 18: F.-R. Götz, Regelsystem mit Modellrückkopplung für variable Streckenverstärkung, 116 S., 1977

ISW 19: H. Tränkle, Auswirkungen der Fehler in den Positionen der Maschinenachsen beim fünfachsigen Fräsen, 103 S., 1977

ISW 20: P. Stof, Untersuchungen über die Reduzierung dynamischer Bahnabweichungen bei numerisch gesteuerten Werkzeugmaschinen, 118 S., 1978

ISW 21: R. Wilhelm, Planung und Auslegung des Materialflusses flexibler Fertigungssysteme, 158 S., 1978

ISW 22: N. Kappen, Entwicklung und Einsatz einer direkten digitalen Grenzregelung für eine Fräsmaschine mit CNC, 123 S., 1979

ISW 23: H. G. Klug, Integration automatisierter technischer Betriebsbereiche, 124 S., 1978

ISW 24: D. Binder, Interpolation in numerischen Bahnsteuerungen, 132 S., 1979

ISW 25: O. Klingler, Steuerung spanender Werkzeugmaschinen mit Hilfe von Grenzregeleinrichtungen (ACC), 124 S., 1979

ISW 26: L. Schenke, Auslegung einer technologisch-geometrischen Grenzregelung für die Fräsbearbeitung, 113 S., 1979

ISW 27: H. Wörn, Numerische Steuersysteme. Aufbau und Schnittstellen eines Mehrprozessorsteuersystems, 141 S., 1979

ISW 28: P. B. Osofisan, Verbesserung des Datenflusses beim fünfachsigen NC-Fräsen, 104 S., 1979

ISW 29: J. Berner, Verknüpfung fertigungstechnischer NC-Programmiersysteme, 101 S., 1979

ISW 30: K.-H. Böbel, Rechnerunterstütze Auslegung von Vorschubantrieben, 113 S., 1979

ISW 31: W. Dreher, NC-gerechte Beschreibung von Werkstücken in fertigungstechnisch orientierten Programmsystemen, 105 S., 1980

ISW 32: R. Schurr, Rechnerunterstützte Projektierung hydrostatischer Anlagen, 115 S., 1981

ISW 33: W. Sielaff, Fünfachsiges NC-Umfangsfräsen verwundener Regelflächen. Beitrag zur Technologie und Teileprogrammierung, 97 S., 1981

ISW 34: J. Hesselbach, Digitale Lageregelung an numerisch gesteuerten Fertigungseinrichtungen, 111 S., 1981

ISW 35: P. Fischer, Rechnerunterstützte Erstellung von Schaltplänen am Beispiel der automatischen Hydraulikplanzeichnung, 111 S., 1981

In Vorbereitung:

ISW 36: U. Ackermann, Rechnerunterstützte Auswahl elektrischer Antriebe für spanende Werkzeugmaschinen, ca. 118 S., 1981

ISW 37: W. Döttling, Flexible Fertigungssysteme – Steuerung und Überwachung des Fertigungsablaufs, ca. 105 S., 1981

Springer-Verlag
Berlin · Heidelberg · New York